国家骨干高职院校工学结合创新成果系列教材

# 电 能 计 量

主　编　韦佳伟　雷红梅
主　审　龙艳红

U0259206

中国水利水电出版社
www.waterpub.com.cn

# 内 容 提 要

　　本书结合电能计量课程的特点，按照项目化的教学理念，以电能计量装置为载体，本书内容包括认识电能计量装置、安装电能计量装置、计量装置验收、抄表技术。本书集知识学习与技能训练为一体，注重基础知识的巩固和专业基本技能的训练。

　　本书可作为高职高专院校电力技术类专业教学用书，也可作为电力行业和各企业事业技术人员的参考用书。

**图书在版编目（CIP）数据**

电能计量 / 韦佳伟，雷红梅主编. -- 北京 ： 中国
水利水电出版社，2014.9
　国家骨干高职院校工学结合创新成果系列教材
　ISBN 978-7-5170-2753-9

　Ⅰ. ①电⋯ Ⅱ. ①韦⋯ ②雷⋯ Ⅲ. ①电能计量－高
等职业教育－教材 Ⅳ. ①TM933.4

　中国版本图书馆CIP数据核字(2014)第303549号

| 书　　名 | 国家骨干高职院校工学结合创新成果系列教材<br>**电能计量** |
|---|---|
| 作　　者 | 主编　韦佳伟　雷红梅　　主审　龙艳红 |
| 出版发行 | 中国水利水电出版社<br>（北京市海淀区玉渊潭南路 1 号 D 座　100038）<br>网址：www. waterpub. com. cn<br>E - mail：sales@waterpub. com. cn<br>电话：(010) 68367658（发行部） |
| 经　　售 | 北京科水图书销售中心（零售）<br>电话：(010) 88383994、63202643、68545874<br>全国各地新华书店和相关出版物销售网点 |
| 排　　版 | 中国水利水电出版社微机排版中心 |
| 印　　刷 | 北京嘉恒彩色印刷有限责任公司 |
| 规　　格 | 184mm×260mm　16 开本　7.75 印张　184 千字 |
| 版　　次 | 2014 年 9 月第 1 版　2014 年 9 月第 1 次印刷 |
| 印　　数 | 0001—3000 册 |
| 定　　价 | **18.00 元** |

# 国家骨干高职院校工学结合创新成果系列教材
# 编　委　会

# 前言

近年来，在政府和经济发展需求的推动下，我国高等职业教育的规模有了很大发展，高职发展已由规模扩展进入内涵建设阶段。而课程建设是高职内涵建设的突破口，加强高等职业教育课程建设的关键就是让高职学生学有兴趣，学有成效。结合学生特点和课程特点，通过项目化课程改造进行课程改革，而项目化课程要转化为具体的教学活动，就必须有相应的教材支持。

本书就是为了高职高专院校电力技术类专业学生开设项目化课程而开发并编写的。编者通过与企业专家研讨，参考了大量文献资料，并总结多年来积累的电能计量教学经验，将相关的理论知识融于项目中，以培养学生职业能力为基础，应用能力为目标。

全书以电能计量装置为载体，贯穿整本教材。本书内容共分4个项目，分别是认识电能计量装置、安装电能计量装置、计量装置验收、抄表技术。每个项目又按照由简到难的原则，划分了若干任务。全书内容既注重了理论知识的学习，又加强了实践技能的训练。

本书由韦佳伟和雷红梅任主编，龙艳红教授任主审。韦佳伟对编写思路与大纲进行了总体策划，并负责全书的组织和统稿；雷红梅负责项目1的编写；马华远负责项目2的编写；黄蓓负责项目3的编写；石帅负责项目4的编写；黔西南民族职业技术学院佟远凤参与编写项目3、项目4的部分内容。本教材的编写得到了南宁供电局计量中心李咏梅、石丹、赵雄、聂晓光的大力支持，他们对本教材的编写提出了宝贵的意见，在此表示感谢。

与本书配套的电子课件下载地址：http://www.waterpub.com.cn/soft-down/。

由于时间仓促，编者水平和资料收集所限，书中难免存在错误和疏漏，不妥之处，恳请读者批评指正，不胜感激。

编者

2014 年 5 月

# 目　录

# 项目1 认识电能计量装置

**学习目标**

1. 了解电能计量装置；
2. 了解单相电能表的结构、种类、用途、特点和电量的抄录；
3. 了解三相电能表的结构、种类、用途、安装要求和计量装置的配置；
4. 了解多功能电能表的种类、性能和功能；
5. 了解智能电能表的原理、特点和功能；
6. 了解用电信息采集终端的种类和功能。

**项目导航**

1. 介绍电能计量装置；
2. 认识单相电能表；
3. 认识三相电能表；
4. 认识多功能电能表；
5. 认识智能电能表；
6. 认识用电信息采集终端。

## 任务1.1 介绍电能计量装置

电力的生产和其他产品的生产不一样，其特点是发、供、用这三个部门连成一个系统，不能间断地同时完成，而是互相紧密联系缺一不可的，它们互相之间如何销售，如何经济计算，就需要一个计量器具在三个部门之间测量计算出电能的数量，这个装置就是电能计量装置。如果没有它，在发、供、用电三个方面就无法进行销售、买卖，所以电能计量装置在发、供、用电过程中的地位是十分重要的。

在电力系统发、供、用电的各个环节中，装设了大量的电能计量装置，用来测量发电量、厂用电量、供电量、售电量等，为制订生产计划、搞好经济核算、计收电量提供依据。

在工农业生产、商贸经营等项工作用电中，为加强经营管理，大力节约能源，考核单位产品耗电量，制定电力消耗定额，提高经济效果，电能计量装置是必备的计量器具。

电能计量装置为计量电能所必需的计量器具和辅助设备的总称，包括电能表、负荷管理终端、智能计量终端、集中抄表数据采集终端、集中抄表集中器、计量柜（计量表箱）、电压互感器、电流互感器、试验接线盒及其二次回路等。

### 1.1.1 负荷管理终端

负荷管理终端是安装于专变客户现场的用于现场服务与管理的终端设备，实现对专变

1

客户的远程抄表和电能计量设备工况以及客户用电负荷和电能量的监控功能。

### 1.1.2　配变监测计量终端

配变监测计量终端是安装于 10kV 公共变压器现场的用于实现配变供电计量和监测的现场终端设备。配变监测计量终端具备计量和自动化功能。

### 1.1.3　集中抄表数据采集终端

集中抄表数据采集终端用于采集多个客户电能表电能量信息，并经处理后通过信道将数据传送到系统上一级（中继器或集中器）的设备。

### 1.1.4　集中抄表集中器

集中抄表集中器用于收集各采集终端的数据，并进行处理储存，同时能和主站进行数据交换的设备。

### 1.1.5　电能计量柜

对电力客户用电进行计量的专用柜。计量柜包括固定式电能计量柜和可移开式电能计量柜，分专用高压电能计量柜与专用低压电能计量柜。

### 1.1.6　计量表箱

计量表箱为对客户用电进行计量的专用箱。适合安装电能表、低压互感器、计量自动化终端设备和试验接线盒，适用于 10kV 高供高计、10kV 高供低计和 380V/220V 低压计量方式。

### 1.1.7　试验接线盒

试验接线盒用于进行电能表现场试验及换表时，不致影响计量和用电的专用接线部件。

### 1.1.8　测控接线盒

测控接线盒用于进行负荷管理终端的现场试验及接线，不致影响计量和用电的专用接线部件。

### 1.1.9　电能计量装置的设置

（1）应在用户每一个受电点内按照不同的电价类别，分别安装电能计量装置，每个受电点作为用户的一个计费单位。

（2）对用户报装总容量在 100kVA 及以上的，原则上必须采用专变供电。

（3）电能计量装置原则上应设在电力设施的产权分界处。如果产权处不具备安装条件或者为了方便管理，可调整在其他位置。对专线供电的高压客户，应在变电站出线处计量；特殊情况下，专线供电的客户可在客户侧计量。

（4）城镇居民用电一般实行一户一表。

（5）10kV 及以下电力客户处的电能计量点应采用统一标准的电能计量柜（箱），低压计量柜应紧邻进线处；高压计量柜则可设置在主受电柜后面。

（6）计量方式。

1）低压计量。对于 100kVA 以下的公用变压器供电客户和公用变压器参考计量点，采用低压计量方式，按容量分为三相（400V）计量方式和单相（220V）计量方式。

a. 低压侧为中性点直接接地系统，应采用三相四线电能表。

b. 低压供电方式为单相二线者应安装单相电能表。低压供电方式为三相者应安装三相四线电能表。

c. 负荷电流为 50A 及以下时，宜采用直接接入式的电能表；负荷电流为 50A 以上时，宜采用经电流互感器接入式的电能表。

d. 低压供电客户采用专用计量表箱。

2）高压计量。根据业务扩展要求选择高供高计或者高供低计计量方式。

a. 高供高计。高压侧为中性点绝缘系统，应采用三相三线多功能电能表。

高供高计专变客户应采用专用计量柜，对不具备安装高压计量柜条件的，可考虑采用 10kV 组合式互感器。

b. 高供低计。低压侧为中性点非绝缘系统，应采用三相四线计量方式。

a）高压计量电流互感器的一次额定电流，应按总配变容量确定，为达到相应的动热稳定要求，其电能计量互感器应选用高动热稳定电流互感器。

b）对于 10kV 双回路供电的情况，两回路应分别安装电能计量装置，电压互感器不得切换。

c）10kV 及以下电力客户处的电能计量点应采用统一标准的电能计量柜（箱），低压计量柜应紧邻进线处；高压计量柜则可设置在主受电柜后面。

本项目主要介绍单相电能表、三相电能表、多功能电能表、智能电能表和用电信息采集终端。

# 任务 1.2  认识单相电能表

## 1.2.1  电能表的发展概况简介

电能表就是专门用于计量某一时间段电能累计值的仪表，又称为电度表，如图 1.1 所示。

电能表在世界上的出现和发展已有 100 多年的历史了，最早的电能表是在 1881 年根据电解原理制成的，尽管这种电能表箱每只重达几十千克，十分笨重，又无精度的保证。但是，这在当时仍然被作为科技界的一项重大发明而受到重视和赞扬，并很快地在工程上得到采用。

1888 年，交流电的发现和应用，又向电能表的发展提出了新的要求，经过一些科学家的努力，感应式电能表诞生了，由于感应式电能表具有结构简单、操作安全、价廉耐

　　　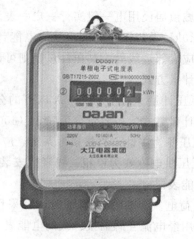

(a)单相感应式电能表　　　　　　　(b)单相电子式电能表

图1.1　电能表

用、又便于维修和批量生产等一系列优点，所以发展很快。每只单相电能表有的还不到1kg重，精度达到了0.5～0.2级，并且有了几十个品种、规格。随着科学技术飞速发展，电子技术、电子元器件已在一些国家电能表生产中应用，研制生产了电子式电能表。电子式电能表精度高（目前已达到0.01级），具有多路遥测等功能，为电能表的发展开辟了又一新的途径，也为电能测量自动化创造了更好的条件。

我国电能表的生产始于20世纪50年代，从仿制外国电能表开始，经过20多年的努力，现在电能表生产制造已具备了较高的水平和规模。我国自行设计和大批量生产的各种类型电能表不仅供给国内，还远销国外。目前我国已经具备了国内电能计量需要的各种类型、功能的电能表生产、制造能力。

当今世界发达国家对电能表的生产和发展极为重视。为了提高电能表的质量、产量和降低制造成本，各国都在电能表的结构、使用、材料及元件等方面不断地研究改进。在提高电能表的质量方面，以提高精度、过载能力和延长一次性使用寿命等几项指标为主要内容，目前生产的单相感应式电能表准确度等级可达到1.0级，三相可达到0.5级（电子式可达到0.2S级）。单、三相电能表过载能力为基本电流的400%～600%，一次使用寿命5～10年或15～30年检验一次。电子式电能表一次寿命可达10年，过载能力为基本电流的400%。近年来，新品种也不断增加，如为了降低高峰负荷、节约能源，电力公司推行的一种分时计量电能表，在电价上奖励避峰用电，收到了很好的效果，成为集多种功能为一体的全电子式多功能表。

### 1.2.2　电能表的分类及铭牌标志

1. 电能表的分类

为适应工农业生产、商贸的发展、人民生活的需求等现代化进程的需要，电能表的品种、规格不断增加，如今较为繁多，其类别可按不同情况划分如下：

（1）按结构和工作原理可分为：感应式、电子式、机电一体式等。

（2）按相别可分为：单相、三相三线、三相四线等。

（3）按功能和用途分为：有功电能表、无功电能表、最高需量表、复费率电能表、多功能电能表、智能电能表、损耗表（线损、铜损、铁损）等。

（4）按准确度等级可分为：普通级（分为 3.0、2.0、1.0、0.5、0.5S、0.2S 级），标准级电能表（0.2、0.1、0.05、0.02、0.01 级）。更高级别的有进口表，德国、瑞士、美国的能达到 0.005、0.003 级国家级最高标准。

**2. 铭牌标志**

每只出厂的电能表在表盘上都有一块铭牌。通常标注了名称、型号、准确度等级、电能计算单位、标定电流和额定最大电流、额定电压、电能表常数、频率等项标志以及国批机电产品许可标识、质量技术监督部门的标识等。

（1）电能表名称。单相电能表、三相三线有功电能表、三相四线有功电能表、三相无功电能表等。

（2）电能表型号。我国对电能表型号的表示方式规定分三部分：

第一部分：类别代号。

第二部分：组别代号。

第三部分：设计序号。

例如：

DD——单相，DD86 电能表；

DS——三相三线，DS86 电能表；

DT——三相四线，DT86 电能表；

DX——无功电能表；

DZ——最大需量；

DB——标准电能表；

DDY、DTY——预付费电能表；

DDFG、DTFG、DSFG——复费率电能表；

DSD——单相电子式电能表；

DSSD——三相三线式电子式电能表；

DTSD——三相四线式电子式电能表。

（3）电能表的准确度等级。2 代表 2.0 级，1 代表 1.0 级，0.5 代表 0.5 级。

（4）电能计量单位。有功电能为"千瓦·小时"（即通常所说的"度"）或 kW·h，无功电能为"千乏·小时"或 kvar·h。

（5）标定电流（基本电流）和额定最大电流。电能表上作为计算负载的基数电流值叫标定电流，用 $I_b$ 表示。把电能表能长期正常工作，而误差与温升完全满足规定要求的最大电流值称为额定最大电流，用 $I_{max}$ 表示。电能表铭牌上一般表示 5（20）A，10（40）A，20（80）A。

（6）额定电压。三相电能表铭牌上额定电压有不同的标注方法，需要说明一下：如标注为 3×380V，表示相数是三相，额定线电压是 380V；如标注为 3×380/220V，表示相数是三相，额定线电压是 380V，额定相电压是 220V，这就是说，此表电压线圈长期承受的额定电压是 220V。如经电压互感器接入式的电能表，一般使用电压互感器额定变比的形式来标注。如：$3\times100V$，表示此表额定电压为100V。

(7) 电能表常数。电能表常数指的是电能表计度器的指示数和转盘转数之间的比例常数，常用 $C$ 表示，如 $C=7200r/(kW\cdot h)$，说明转盘转了7200r，计度器的指示数增加 $1kW\cdot h$。

电能表常数：
$$C=n/W$$
式中　$n$——转数；

　　　$W$——负载所消耗的电能。

在某一测量时间内，负载所消耗的电能 $W$ 与电能表内铝盘的转数 $n$ 成正比。

**课堂练习：**

某单相电能表2.0级，电能表常数 $2500r/(kW\cdot h)$、额定电压220V、标定电流5A，当负载为一只60W的白炽灯时，转盘转10r，用秒表记录时间为 $t=243s$，问该单相表计量是否准确？

**例1.1：**某用户主要用电器的额定功率见表1.1，黑体字是常用负载。

表1.1　　　　　　　　　　某用户主要用电器的额定功率

| 用电器 | 节能灯5盏 | 空调 | 电视机 | 电饭锅 |
|---|---|---|---|---|
| 额定功率/W | 每盏8 | 1000 | 120 | 1000 |

**问：**给该用户选用2.0级的10 (20) A 和 5 (10) A 的电能表哪个更合适？

**解：**求用户最大的负载电流为：
$$P=8W\times5+1000W+120W+1000W=2160W$$
$$I=P/U=2160W/220V=9.82A$$

常用负载电流为
$$I=P/U=1160W/220V=5.27A$$

选择5 (10) A 的电能表比较合适。

**例1.2：**某用户电能表的铭牌上标有5 (20) A，表1.2是他家主要用电器的额定功率。问：该用户的用电器能否同时使用？

表1.2　　　　　　　　　　某用户主要用电器的额定功率

| 用电器 | 白炽灯四盏 | 电热水壶 | 电视机 | 空调机 |
|---|---|---|---|---|
| 额定功率/W | 每盏60 | 1000 | 120 | 1200 |

**解：**$P=60W\times4+1000W+120W+1200W=2560W$
$$I=P/U=2560W/220V=11.64A$$
则可以同时使用。

### 1.2.3　感应式单相电能表

感应式单相电能表的型号、规格虽然很多，且各有不同，但它们的基本结构及工作原理都很相似。下面主要学习感应式单相电能表的结构及原理。

1. 结构

感应式单相电能表是由测量机构，补偿、调整装置和辅助部件所组成。单相感应式电能表的结构如图1.2所示。

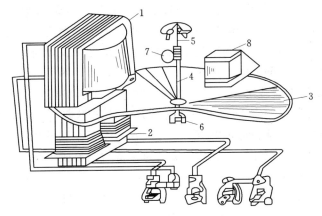

图1.2 单相感应式—电能表的结构

1—电压组件；2—电流组件；3—圆盘；4—转轴；5—上轴承；6—下轴承；7—计度器；8—制动磁铁

（1）测量机构。单相感应式电能表的测量机构是电能表的核心部分，它包括以下四部分。

1）驱动元件。它由电压组件1和电流组件2组成。其作用是产生驱动磁场，并与圆盘相互作用产生驱动力矩，使电能表的转动部分做旋转运动。

2）转动元件。由圆盘3和转轴4组成，并配以支撑转动的轴承。轴承分为上、下两部分，上轴承5主要起导向作用；下轴承6主要用来承担转动部分的全部重量，它是影响电能表准确度及使用寿命的主要部件，因此对其质量要求较高。感应式长寿命技术电能表一般采用没有直接摩擦的磁力轴承。

3）制动元件8。由永久磁铁和磁轭组成，其作用一是在圆盘转动时产生制动力矩使其匀速旋转，其次是使转速与负荷的大小呈正比。

4）计度器7。蜗轮通过减速轮、字码轮把电能表圆盘的转数变成与电能量相对应的指示值，其显示单位就是电能表的计量单位，有功电能表的计量单位是kW·h，无功电能表的计量单位是kvar·h。

（2）补偿、调整装置。补偿、调整装置是改善电能表的使用特性和满足准确度要求不可缺少的重要组成部分，单相电能表装有全载调整装置、轻载调整装置、相位角调整装置、防潜调整装置，有些电能表还装有过载补偿装置及温度补偿装置。三相电能表还应装有平衡调整装置。

1）全载调整装置。就是永久磁铁也就是制动元件，主要在100%标定电流时通过改变电能表永久磁铁的制动力矩来改变圆盘的转速。

2）轻载调整装置。也叫补偿力矩调整装置。装在电压元件上，主要用来补偿电能表在5%～20%标定电流范围内运行时的摩擦误差和电流铁芯工作磁通的非线性误差以及由于装配的不对称而产生的潜动力矩。

3）相位角调整装置。也叫力率调整装置，主要是用于调整电能表电压工作磁通与电流工作磁通之间的相位角使它们之间的相角差满足 $\Phi_U = 90° - \Phi_I$ 的要求，以保证电能表在不同功率因数的负载下都能正确计量。

4）防潜调整装置。它的作用是制止电能表无负载时的空转现象。有两种方法：一种是在圆盘适当位置打 1～2 个 1mm 的小孔，利用小孔周围的涡流变化与磁通之间产生附加制动力矩，防止潜动；另一种是利用改变电压铁芯上的磁化铁片与圆盘转轴上铁丝或铁片之间的距离，改变它们之间防潜力矩的大小，达到防止潜动的目的。

5）过载补偿装置及温度补偿装置。过载补偿一般固定在电流元件上，过载补偿装置一般用较小的矽钢片制成，在 U 形电流铁芯的缺口处加装一个磁分路，其作用是当电流过大时，因磁分路饱和，使在标定电流下，经过它的非工作磁通间的分配重新改变，使工作磁通增大与电流增大成正比，从而使圆盘转速保持与电流成正比。温度补偿一般固定在磁钢或电压线圈及磁推轴承上。

（3）辅助部件。辅助部件包括外壳、基架、端钮盒和铭牌。

1）外壳。表壳、表底组成电能表的外壳。为了防止潮气和灰尘进入表内，要求外壳有良好的密封性能。

2）基架。要求各种元件本身和元件与元件之间的相对位置安装必须精确、牢固，所以要求基架有足够的机械强度和精密的加工工艺。

3）端钮盒。电能表的电流、电压回路都是通过端钮盒与外部电路连接的，端钮盖上印有电能表的接线原理图。端钮盖上的螺丝留有封表用的孔洞，可以防止用户私自开启端钮盒影响电能表的正确计量和危及人身安全。

4）铭牌。电能表的铭牌上通常标注名称、型号、准确度等级、电能计算单位、标定电流和额定最大电流、额定电压、电能表常数、频率、制造厂名称或商标、工厂制造年份和厂内编号、电能表产品生产许可证的标记和编号。计度器显示数的整数位与小数位的窗口应有不同的颜色，在它们之间应有区分的小数点、使用条件和包装运输条件分组的代号（将代号置于一个三角形内）、对具有止逆器的电能表应标明"止逆"字样。

2．工作原理

单相电能表中，驱动元件和转动元件是交流感应式电能表基本结构中的两个主要组成部分，其工作原理是：单相电能表接在交流电路中，当电压线圈两端加以线路电压，电流线圈串接在电源与负载之间流过负载电流时，电压元件和电流元件就产生在空间上不同位置，相角上不同相位的电压和电流工作磁通。它们分别穿过圆盘（根据电工学的右手定则原理）在圆盘中产生感应涡流（电流），于是电压工作磁通与电流工作磁通产生的感应涡流（电流）相互作用（根据电工学的左手定则原理），结果在圆盘中就形成以圆盘转轴为中心的转动力矩，使电能表圆盘始终按左手定则指示的方向转动起来。

左手定则：伸开左手，使大拇指跟其余四指垂直并且跟手掌处于一个平面内，把手放入磁场中，让磁感线垂直穿入手心，并使 4 指指向电流方向，那么大拇指所指的方向就是通电导线在磁场中所受电磁力的方向。

右手定则（安培定则）：用右手握住螺线管，让弯曲的四指所指方向与电流方向一致，大拇指所指的方向就是螺线管内部磁力线的方向。

在以上内容的基础上，进一步分析单相电能表产生转动力矩的过程和原理，如图1.3所示。

电能表正确接入电路后，电压线圈与负载并联，其两端有电压 $u$，产生工作磁通 $\dot{\Phi}_U$；电流线圈与负载串联，流过工作电流 $i$，产生工作磁通 $\dot{\Phi}_I$、$\dot{\Phi}_{I'}$。交变的工作磁通 $\dot{\Phi}_I$、$\dot{\Phi}_{I'}$ 和 $\dot{\Phi}_U$ 穿过圆盘时，在圆盘上产生相应滞后90°的感应电动势以及感应电流（涡流）$I_{PI}$、$I'_{PI}$ 和 $I_{PU}$。

由于电压工作磁通 $\Phi_U$ 与电流工作磁通产生的感应电流 $I_{PI}$、$I'_{PI}$；电流工作磁通 $\Phi_I$、$\Phi_{I'}$ 与电压工作磁通产生的感应电流 $I_{PU}$，在空间上不重合，在时间上存在着相位差，就会产生电磁力的作用，该力在圆盘上产生综合的驱动力矩 $M_Q$，使电能表的圆盘按照该力矩的方向转动。通过电路理论分析推导，可知

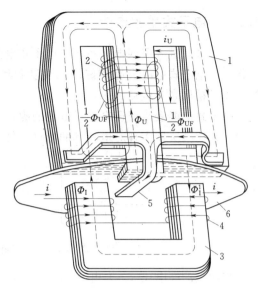

图1.3　电能表内磁通的分布情况
1—电压铁芯；2—电压线圈；3—电流铁芯；
4—电流线圈；5—回磁板；6—圆盘

$$M_Q = K\Phi_U\Phi_I\sin\Phi$$

式中　$K$——驱动力矩常数，决定于电能表的结构；

　　　$\Phi$——$\dot{\Phi}_U$ 与 $\dot{\Phi}_I$ 的相位差角，$\Phi \neq 0$。

即驱动力矩的大小是正比于电压工作磁通 $\Phi_U$、电流工作磁通 $\Phi_I$ 与这两个磁通相位差的正弦之积。

电压工作磁通 $\dot{\Phi}_U$ 一次穿过圆盘，而电流工作磁通从不同位置两次穿过圆盘，相当于有大小相等、方向相反的两个电流工作磁通 $\dot{\Phi}_I$ 和 $\dot{\Phi}_{I'}$ 作用在圆盘上面，这样电压和电流工作磁通就相当于有3束磁通作用在圆盘上，它们的相位不同、空间位置不重合，这是产生驱动力矩的必要条件，通过分析可知驱动力矩 $M_Q$ 的方向总是由相位超前的磁通所在的空间位置指向相位滞后的磁通所在的空间位置。

然而，当电能表仅仅有驱动力矩作用时，圆盘将作匀加速运动，这样，便破坏了驱动力矩与负载功率成正比的关系。为了使圆盘转动速度始终保持与负载功率成正比，必须在电能表中装设永久磁铁用以产生与驱动力矩方向相反的制动力矩。当驱动力矩与制动力矩处于平衡时，圆盘就可以在一定的功率下作匀速转动了。所以，永久磁铁的作用就是使圆盘在一定的功率下做匀速转动，以保证驱动力矩与负载功率成正比。

假如永久磁铁的磁通 $\Phi_T$ 自上而下穿过圆盘，当圆盘在驱动力矩 $M_Q$ 的作用下，按逆时针方向旋转。磁通 $\Phi_T$ 被圆盘切割，因而在圆盘上产生感应电流 $I$，感应电流 $I$ 的方向以右手定则判断，感应电流 $I$ 与磁通 $\Phi_T$ 相互作用产生电磁力 $F_T$，其方向以左手定则判断。在电磁力 $F_T$ 的作用下形成与驱动力矩方向相反的制动力矩 $M_T$，因此，使圆盘受到制动，以实现在一定功率下做匀速转动。

### 1.2.4　电子式单相电能表

近年来，进入我国电力系统的电子式电能表逐年增多，并广泛应用在电能计量和计费工作中。电子式电能表有较好的线性度和稳定度，具有功耗小、电压和频率的响应速度快、测量精度高等优点。

电子式电能表是怎样来计量电能的呢？电子式电能表是在数字功率表的基础上发展起来的，采用乘法器实现对电功率的测量，其工作原理框图如图 1.4 所示。

图 1.4　电子式电能表工作原理框图

被测量的高电压 $u$、大电流 $i$ 经电压变换器和电流变换器转换后送至乘法器 M，乘法器 M 完成电压和电流瞬时值相乘，输出一个与一段时间内的平均功率成正比的直流电压 $U$，然后再利用电压/频率转换器，$U$ 被转换成相应的脉冲频率 $f$，将该频率分频，并通过一段时间内计数器的计数，显示出相应的电能。

1．用途

用于低压电力用户集中抄表系统，实现单个居民用户的用电计量和低压电力线载波通信。

2．主要功能

（1）采用低功耗高性能的微处理器，整表外围元器件少，结构简单，能长期安全可靠地运行。

（2）有功电能计量准确，长期工作不须调校。

（3）采用扩频方式实现电力线载波通信，数据传输准确可靠，支持三级中继功能。

（4）具有断送电控制功能。

（5）LCD 显示，停电常显总电量。

（6）红外通信，可实现本地抄表。

3．主要特点

（1）电量冻结。电表在每月 1 日零点自动冻结当时电量成为上月末电量，并保存最近 3 个月的冻结电量；电表自动冻结每日零点和每小时整点的电量，每日零点电量保存 8 日，每小时整点电量保存 48h。

（2）通断电及指示。可通过低压电力线载波通信对电能表进行远程断送电控制，电表收到断电命令后，为保护继电器，在电流不大于 $0.5I_b$ 的情况下执行断电操作，收到送电命令后立即执行送电操作，电表断电后拉闸指示灯点亮。

（3）时钟及停电显示。表内带有时钟，并可在年月日相同时进行广播对时。外部电源失电后，由环保柱式锂电池支持 LCD 停电常显当前电量并维持电表时钟运行可达 3 年以上。

### 1.2.5　电量的抄录

1. 电量的抄录方式

（1）使用抄表卡手工抄表。

（2）使用抄表微机手工抄表。

（3）远红外抄表。

（4）集中抄表系统抄表。

（5）远程（负控）抄表。

2. 抄录工作顺序

（1）了解所负责抄表的区域和用户情况，特别是新用户的基本资料。

（2）掌握抄表日的排列顺序。

（3）合理设计抄表线路。

（4）检查应配备的抄表工具。

3. 抄录新装和变更用户电量时注意事项

（1）核对用户的户名、地址、电表编号。

（2）核对用户的用电性质、电价、互感器变比、变压器容量。

（3）核对电能计量装置情况。

（4）核对总、分表关系。

（5）核对功率因数调整电费考核标准是否正确。

# 任务 1.3　认识三相电能表

## 1.3.1　三相感应式电能表和三相电子式电能表

三相感应式电能表与单相感应式电能表在结构上的不同点是电磁组件和圆盘个数不等，因而基架、底座、外壳等都存在一定的差异，但其转动原理都完全一样，由测量机构和辅助组件两大部分组成。常见的感应式三相电能表有三相三线两元件电能表和三相四线三元件电能表，主要可以分为三相三线有功电能表、三相三线无功电能表、三相四线有功电能表、三相四线无功电能表等。内部示意图如图 1.5 所示。

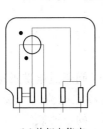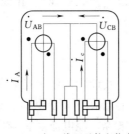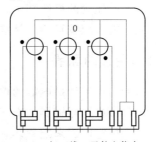

(a)单相电能表　　　(b)三相三线两元件电能表　　　(c)三相四线三元件电能表

图 1.5　电能表的内部示意图

三相电能表实物图如图1.6和图1.7所示。

三相电子式电能表包括三相四线电子式有功电能表、三相四线电子式无功电能表、三相三线电子式有功电能表、三相三线电子式无功电能表。三相电子式电能表采用国际先进的超低功耗大规模集成电路技术，与传统感应式电能表相比，具有测量精度高、稳定性好、体积小、重量轻、功耗低、易于实现现代化管理功能的扩展。特点是：

（1）双向计量能精确测量正反方向的功率，长期工作不需要调校，且以一个方向累计电量，具有防窃电功能。

（2）三相电源供电，一相或两相断电，计量准确性不受影响。

（3）采用光电隔离技术输出电能脉冲信号，发光二极管指示用电，具有缺相指示功能。

图1.6　三相四线有功电能表　　　图1.7　三相四线电子式电能表

## 1.3.2　电能表的安装要求

（1）三相四线三元件有功电能表的电压线圈每相应直接接到试验端子盒每相电源。三相四线三元件有功电能表的零线应直接接到试验端子盒的电源的零线。

（2）经电流互感器接入的低压三相四线电能表，其电压引入线应单独接入，不得与电流线共用，电压引入线的另一端应接在电流互感器一次电源侧，并在电源侧母线上另行引出，禁止在母线连接螺丝处引出。电压引入线与电流互感器一次电源应同时切合。

（3）电能表端钮盒的接线端子，宜以"一孔一线""孔线对应"为原则。

（4）三相电能表应按正相序接线。

## 1.3.3　计量装置的配置

电能表是专门用来计量电能的仪表，其计量的结果是某段时间通过电路的电能。在电能表的配置上，可根据互感器二次工作电流应不大于电能表的额定电流这个标准来掌握，不得大于电能表标定电流来配置。一般来说，经电流互感器接入的电能表，其标定电流宜不超过电流互感器额定二次电流的30%，其额定最大电流应为电流互感器额定二次电流的120%左右。直接接入式电能表的标定电流应按正常运行负荷电流的30%左右来选择。

但在实际计量中，因用户一次电流的大小变化，互感器二次电流会出现超电能表额定电流，造成电能表漏计电量情况时有发生。由于带互感器电能表已标准化，其标定电流为5A，没有一定的电流富裕度，不能解决过电流或轻载时的计量误差。近些年来，有不少电能表生产厂家，根据电力计量中存在的问题，为提高低负荷或过电流计量的准确度，推出了一种能随负荷电流变化的新型电能表，其标定电流为1.5～6A，较好地解决了用电负荷轻载或过载的计量问题。

计量装置是随用电负荷电流的大小变化而变化的，它应是一个动态的计量装置，不是一次配置好后就不可逆变的。应该经常随用电负荷使用的季节性、用电负荷的高峰和低谷时段，做到随时检查，随时作相应调整。

计量装置的配置是一个综合性的问题，它是根据用户用电负荷电流的大小，如何科学选用互感器、电能表的量程、精度的问题。电能计量装置配置的好与坏、准确度的高与低，不单是衡量一个供电部门技术管理水平，也事关一个供电企业线损高与低。

# 任务1.4 认识多功能电能表

多功能电能表采用了当今世界上最先进的电能表专用集成电路、永久保存信息的不挥发性存储器、标准 RS-485 通信接口、红外通信、汉字大画面超扭曲宽温液晶显示、国际标准 IC 卡等先进技术，采用了当代 SMT 电子装配新工艺，是按 IEC 标准制造的换代型电能表。

多功能电能表实现了有功双向分时电能计量、需量计量、正弦式无功计量、功率因数计量、显示和远传实时电压、电流、功率、负载曲线等，且可按电力部门标准实现全部失压、失流、电压合格率记录、报警、显示功能，可有效地杜绝窃电行为，从而满足了对用户进行现代化科学管理的要求。

**案例一：**有 10kV 高压配电室一专变工业用户，申请用电负荷为 250kW，其中办公照明、空调 50kW，负荷基本对称、平衡和稳定。请为该用户进行计量装置的配置。

1. 确定电力变压器容量

（1）常用 10kV 电力变压器容量有：50kVA、80kVA、100kVA、125kVA、160kVA、200kVA、250kVA、315kVA、400kVA、500kVA、630kVA、800kVA、1000kVA、1250kVA、1600kVA、2000kVA、2500kVA…

（2）已知用户申请负荷：$P$。

（3）变压器的额定功率因数：0.8。

（4）计算容量的公式：$P = S \times \cos\Phi$

$$S = P/\cos\Phi = 250/0.8 = 312.5(\text{kVA})$$

选择变压器的容量为 315kVA。

2. 确定电能计量装置类别

根据《电能计量装置技术管理规程》（DL/T 448—2000）确定装置类别，属于Ⅲ类电能计量装置有：

（1）月平均用电量 10 万 kW·h 及以上或变压器容量为 315kVA 及以上的计费用户。

（2）100MW以下发电机、发电企业厂（站）用电量、供电企业内部用于承包考核的计量点。

（3）考核有功电量平衡的110kV及以上的送电线路电能计量装置。

符合第一条，属于Ⅲ类电能计量装置。

3. 选择计量方式

根据用户计量装置的类别，供电方式确定用户的计量方式

（1）采用三相三线计量方式（根据"通用设计"确定接线方式采用：三相三线制，电流互感器二次绕组两相四线连接，电压互感器采用Vv接线）。

（2）由于有办公用电（电价不同）还应安装一只扣减表。

4. 确定功率因数

根据《电力营销管理标准》（用电检查），客户执行功率因数标准为：

（1）100kVA及以上高压供电的客户功率因数为0.90以上。

（2）其他电力客户和大、中型电力排灌站、趸购转售企业，功率因数为0.85以上。

（3）农业用电功率因数为0.80。

符合第一条，执行功率因数为0.90。

5. 视在功率的计算公式

（1）$S = P/\cos\varPhi$（客户执行功率因数）。

（2）计算$S$：

$$S = P/\cos\varPhi = 250/0.9 = 277.78(\text{kVA})$$

6. 计算一次相电流

（1）公式。

$$P = 3 \times U \times I \times \cos\varPhi$$

（2）计算一次电流。

1）高压一次电流：

$$I_g = P/(3U \times \cos\varPhi) = 250/(3 \times 0.9 \times 10/1.732) = 16.04(\text{A})$$

2）办公用电低压一次电流：

$$I_d = P/(3U \times \cos\varPhi) = 50000/(3 \times 220 \times 1) = 75.76(\text{A})$$

7. 选配互感器

根据《国家电网公司输变电工程通用设计》（简称《通用设计》）、《电能计量装置技术管理规程》（DL/T 448—2000），确定以下内容：

（1）选配电压互感器的原则。

1）发电厂上下网关口、系统变电站以及开关站、配电站内10kV侧贸易结算或考核用电能计量装置宜采用公用电压互感器计量专用二次绕组。

2）安装在客户侧贸易结算或考核用电能计量装置宜采用专用计量电压互感器。

3）额定二次负荷可选用实际二次负荷的1.5~2.0倍，额定二次功率因数应与实际二次负荷功率因数接近。

（2）选配电流互感器的原则。

1）发电厂上下网关口、系统变电站以及开关站、配电站内 10kV 侧贸易结算或考核用电能计量装置宜采用公用电压互感器计量专用二次绕组。

2）安装在客户侧贸易结算或考核用电能计量装置宜采用专用计量电压互感器。

3）为提高小负荷工况下的计量性能，选用 S 级电流互感器。

4）电流互感器实际二次负载在 25%～100% 额定二次负载范围（$S_{bn}=2S_b$）；其额定二次负荷的功率因数应为 0.8～1.0（应与实际二次功率因数相匹配）。

5）电流互感器额定一次电流的确定，应保证其在正常运行中的实际负荷电流达到额定值 60% 左右，至少不小于 30%（DL/T 448—2000）。电流互感器额定一次电流应接近但不低于一次回路正常最大负荷电流（《通用设计》）。

（3）选配电压、电流互感器。

1）选 10/0.1kV、0.5 或 0.2 级、25VA 的电压互感器。

2）高压侧电流互感器一次电流的确定（$I_{gh}$）：

$$I_{gh}=I_g/0.6=16.04/0.6=26.73(A)$$

实际如果用户高压侧最大负荷电流不超过 20A，我们通常可选用两只 10kV 的 5(20)A、0.5S 级或 0.2S 级、10VA 的高压电流互感器。

3）低压侧电流互感器一次电流的确定（$I_{dh}$）：

$$I_{dh}=I_d/0.6=75.76/0.6=126.17(A)$$

实际如果用户低压侧办公最大负荷电流不超过 100A，我们通常可选用 3 只 5(100)A、0.5S 级的低压电流互感器。

8. 选配电能表

（1）经电流互感器接入的电能表，其标定电流应不超过电流互感器额定二次电流的 30%，其额定最大电流应为电流互感器的 120% 左右。

（2）直接接入式电能表的标定电流应按正常运行负荷电流的 30% 左右进行选择。

（3）对低压供电的用户，其负荷电流为 50A 及以下时，电能计量装置宜采用直接接入式，其负荷电流为 50A 以上时，宜采用经电流互感器接入式。

（4）执行功率因数调整电费的客户，应装设能计量有功电量、感性和容性无功电量的电能计量装置。

（5）按需量计收基本电费的客户应装设具有最大需量功能的电能表。

（6）实行分时电价的客户应装设复费率电能表或多功能电能表；具有正反向送电的计量点应装设一只具有计量正向和反向有功电量以及四象限无功电量的多功能电能表。

（7）选择电能表。

1）计算电能表的标定电流：

$$I_b=0.3×5=1.5(A)$$

2）计算电能表的额定最大电流：

$$I_{max}=1.2×5=6(A)$$

选择一只 3×100V、3×1.5（6）A、1.0 级的单方向多功能电能表。

3）由于有办公用电还应选择一只 3×220/380V、3×1.5（6）A、1.0 级的电子式复费率电能表。

9. 等级要求

各类电能计量装置应配备的电能表、互感器的准确度等级不应低于表1.3中要求。

表1.3 电能计量装置准确度等级要求

| 电能计量装置类别 | 准 确 度 等 级 | | | |
|---|---|---|---|---|
| | 有功电能表 | 无功电能表 | 电压互感器 | 电流互感器 |
| Ⅰ | 0.2S 或 0.5S | 2.0 | 0.2 | 0.2 或 0.2* |
| Ⅱ | 0.5S 或 0.5 | 2.0 | 0.2 | 0.2 或 0.2* |
| Ⅲ | 1.0 | 2.0 | 0.5 | 0.5S |
| Ⅳ | 2.0 | 3.0 | 0.5 | 0.5S |
| Ⅴ | 2.0 | — | — | 0.5S |

注　1.0.2* 级电流互感器仅指发电机。

2.S 级电流互感器在 $1\% I_b \sim 120\% I_b$ 范围都能满足准确等级要求。

## 1.4.1　单相多功能电能表

以 DDSF1265 型单相多功能电能表为例：

单相多功能电能表采用新型专用单片微计算机为核心电路，高精度时钟芯片为外部硬时钟源，电能采样使用美国 ADI 公司生产的 ADE7755 芯片，具有计量高精度分时有功电能、液晶显示、红外及 RS-485 通信等功能。其实物如图 1.8 所示。电表技术先进、集成度高、计量和计时精度高、运行可靠、不死机及性能价格比高。主要功能如下。

1. 硬时钟及温度补偿功能

电能表采用 EPSON 高精度硬时钟电路，并具有温度补偿电路。

2. 费率时段、电能计量

（1）具有峰、平、谷三种费率，可设置 8 个时

图 1.8　DDSF1265 型单相多功能电能表

段，缺省设置为两个时段（平段 5：00～22：00，谷段 22：00～5：00），时段最小间隔为 1min，时段可跨零点。可通过 RS-485 进行时段设置。

（2）记录近 10 次的停电时间和停电结束时间及停电次数。

（3）记录最近 10 次的反向起始和结束时间及次数。

（4）记录广播校时的时间和出错的事件。

（5）记录清零的时间及次数。

3. 信号输出功能

（1）具有电能脉冲信号输出接口，采用无源隔离型输出端口，脉冲宽度：80±20ms。

（2）具有 1Hz 时钟信号测试点。

（3）具有光电隔离 RS-485 输出接口。

**4. LCD 显示功能**

双行六位 LCD 及相关汉字显示。

**5. 通信功能**

（1）具有独立的红外和 RS-485 通信接口；通信规约符合《多功能电能表通信规约》（DL/T 645—97）和《国家单相全电子式多费率电能表通信规约》的要求；通信波特率为 1200bps。RS-485 通信接口和电表内部电路实行电气隔离，工作电源独立，并有失效保护电路。RS-485 芯片具有防静电（15kV）、抗雷击、抗电压瞬变的性能。

（2）编程控制。可通过红外通信接口、RS-485 通信接口对电能表进行编程。编程内容如下：

时间、日期、费率、时段、表地址，循显项目、循显时间、自动抄表日、电量底数设置等。每项内容可单独设置，也可通过"综合编程"对所有项目进行一次性设置。具有广播清电量和广播对时功能。

（3）抄表控制。

抄表功能：可使用掌上机在现场通过红外通信口抄表或 RS-485 接口远程抄表。

抄读数据：电能表条码号、当前日期时间、当前（总、峰、平、谷）电量、电表常数、事件记录等，也可抄读 12 个月的冻结电量数据。在抄表的同时对电能表自动对时。

（4）对时功能。当电表处在"编程允许"状态时，可用掌上机或上位机向电表写入任意时间。当电表处在"编程禁止时"，只能对于误差在 5min 之内的电表进行对时。对于误差范围之外的电表，不能进行校时，并作为故障表实行记录。编程禁止时，同一块电表的两次对时操作必须相隔 30d。

自动对时：使用抄表系统抄表时，比对抄表系统和电能表的时钟误差，对于在误差范围的电能表，自动实现对时，误差设置 5min。同一块电能表在一个抄表周期（30d）内，只能实现 1 次对时。手持终端只能通过专人管理的专业系统对时，并记录对时时间、操作人员。

## 1.4.2 三相三线电子式多功能电能表

**1. 工作原理**

电子式三相多功能电能表的实物如图 1.9 所示。A、B、C 三相电压、电流信号经电能表采样电路和功率计量处理器变换成相应的数字信息后，传送给数据处理中心，并通过程序处理求出各相电压、电流、功率、电量、需量、功率因数等各项参数；同时识别各相电压、电流有无异常并记录相应的失压、失流状态。工作原理框图如图 1.10 所示。

**2. 主要性能**

（1）电能表的线路设计和元器件的选择以较大的环境允许误差为依据，因此可保证整机长期稳定工作；精度基本不受频率、

图 1.9 电子式三相
多功能电能表

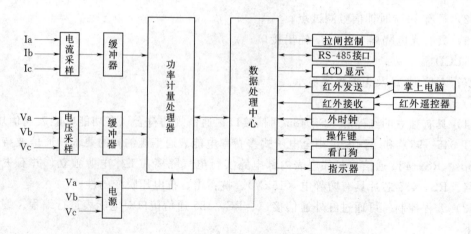

图1.10　工作原理框图

温度、电压变化影响；整机体积小，重量轻，密封性能好，可靠性高。

（2）当电网停电后，锂电池作为后备电源，提供停电后表内电量的显示读取，并保证内部数据不丢失，日历、时钟、时段程序控制功能正常运行，来电后自动投入运行。在电能表端钮盒上设置有光电耦合脉冲输出接口，以便于进行误差测试和数据采集。

（3）电能表运行信息可由手持电脑、RS-485接口、国际标准IC卡三种媒介传输，电力部门可根据本地区具体情况自行选择一种或多种传输方式。

（4）为方便用户现场更换电能表，使用表中特有的复印功能，可以方便地将被更换表的所有信息复印至更换后的电能表上，安全可靠，简化了用户更换电能表的工作程序，提高了工作效率。

（5）电能表适用于环境温度为−25～60℃、相对湿度不超过85%的地区。

3. 主要功能

（1）电能计量。

1）记录、显示当前、上月及上上月的正反向有功、无功累计总电量。

2）记录、显示当前、上月及上上月的正反向有功尖电量、峰电量、平电量。谷电量及用户要求的更多费率电量。

3）可分别记录、显示任意两象限无功电量绝对值之和。

4）可分别记录、显示当前、上月及上上月的A相、B相、C相正反向有功累计总电量。

5）电量计量值为六位整数、两位小数，单位为kW·h、kvar·h。

（2）需量计量。

1）记录、显示本月、上月及上上月总的正反向有功、视在总最大需量及该需量出现的日期、时间。

2）记录本月、上月及上上月尖、峰、平、谷各时段的有功最大需量或用户提出的更多费率需量及该需量的出现日期、时间。

3）随机显示当前需量，真实反映当前负载状况。

4）电能表运行到预置抄表日零点（可设为0～23点），最大需量自动抄表后清零，也可由授权人手动抄表后清零。

5）需量计量值为二位整数，四位小数，单位为 kW，kVA。

（3）电压、电流、功率计量。

1）实时显示 A 相、B 相、C 相电压、电流值。

2）实时显示总、A 相、B 相、C 相有功、无功功率值。

3）可记录 36d（整点记录，时间间隔可设为 1～100min）负载曲线（A 相、B 相、C 相电压、电流和有功总功率），也可按用户要求增加记录天数。

（4）功率因数计量。

1）记录、显示本月、上月及上上月的平均功率因数值。

2）随机显示当前 15min 的功率因数值。

**4. 失压、失流报警、显示、记录功能**

（1）失压报警、显示、记录功能。

当电流 $I \geqslant 5\% I_b$ 时，三相电压中任意一相（两相）失压或低于额定电压的 $78\% \pm 2V$ 时，电能表判定为故障失压，电能表声光报警、显示故障相别、该相失压累计时间（单位：h），连续失压超过 1min，启动内部失压记录程序，记录本次失压相别、失压累计时间、失压累积次数及故障期间失压相的安培小时数与额定电压乘积所得电量；当失压电压恢复到额定电压的 $85\% \pm 2V$ 时撤除失压报警，恢复正常显示和计量。

当三相电压失压时，电能表无显示，此时若电能表有电流信号且 $I > 10\% I_b$ 时，电能表判定为故障失压，电能表记录本次失压相别、失压累计时间、失压累积次数；当电压恢复时可以显示以上记录。

（2）失流报警、显示、记录功能。

当 DSSD22 型三相三线电能表同时满足：

1）实际电流不平衡率＝[（最大相电流－最小相电流）/最大相电流]×100%≥不平衡电流设定比值（用 bph 表示）。

2）电流低限＝（任意相电流/$I_n$）×100%≥设定比值（用 dLd 表示）。

式中，$I_n$ 为互感器二次额定电流。

以上两条件满足时，电能表失流报警，同时记录失流次数、时间、故障电量等。当 bph 设置为 100% 时，不对失流进行考核。

**5. 电压越限报警、显示、记录功能**

可按月记录电能表总运行时间以及 A 相、B 相、C 相电压超越上限和下限时间。超限时电能表会声光报警。

**6. 超负载报警功能**

该电能表具有预置超负载报警功能。当电能表超过预置负载值 5min 后，电能表声光报警，提示用户尽快降负载。

**7. 电网参数记录功能**

电力部门可根据用户的用电情况，将用户的用电负载连续记录下来，画出负载曲线，以便于更合理地进行用电管理。由授权人设置月电网参数记录间隔时间（间隔时间可设定为 1～100min）后，表计将自动对三相平均电压、电流和功率整点记录。当时间间隔设定为 60min 时，记录时间为 36d，间隔时间设定 30min 时，记录时间为 18d，依此类推，最小间隔时间为 1min；也可按用户要求增加记录天数。

8. 事件记录功能

记录最近一次清零、最大需量清零、编程、最近 5 次失压事件出现和恢复时间及最大需量清零次数和编程次数；也可按用户要求增加记录次数。

9. 远方编程、抄表功能

根据用户需要，电力部门可利用电能表中标准 RS-485 接口和 6 路脉冲输出接口，通过负控端、市话网、移动通信网以及其他传输形式，组成远方抄表管理系统，实现电力部门营业抄表、负载监控等远动控制、接口通信协议和数据结构符合《多功能电能表通信规约》（DL/T 645—1997）、《电力负荷控制系统数据传输规约》（DL 535—93）（适用加装 GPRS 通信模块）标准；也可按用户要求制作其他形式的通信规约。

10. 停电抄表功能

在电网停电的情况下，按动按键使液晶显示，即可实现停电抄表，也可按用户要求实现无接触式红外唤醒抄表。

11. 复印功能

该电能表具有独特设计的复印功能，轮换表时可用复印卡将旧表上所有的信息转换至新表上，方便电能表的编程和轮换。

12. 远方控制功能（仅适用于 GPRS 通信模块电能表）

该电能表通过 GPRS 移动通信网可对用户用电情况实施全天候的监测，当发现电能表任何不正常情况时，立即在系统界面上显示该电能表异常信息，促使供电部门进行检查，甚至输出两路控制信号实施远方控制报警、拉闸、断电等操作。

# 任务 1.5　认识智能电能表

## 1.5.1　智能电能表概述

随着国民经济的不断发展，电力已经成为国家的最重要能源。就民用电力来说，由于人民物质生活的极大丰富，生活质量迅速提高，对电力的需求也越来越大。但是，当前居民用电的管理过于落后，居民用电管理收费多年来一直采用先用电、后抄表、再付费的传统作业方式。居民用电绝大多数实行"分表制"，即若干集中居住的家庭（一个居住单元或若干居住单元的集合）使用一个总的电表，每户装一个分电表，电力部门抄表员抄收总电表的电量，作为居民交付电费的依据。

居委会或物业管理部门还需去抄取各家电表的读数，按比例收取电费。这种用电管理模式，给居民带来诸多不便，而且增加了管理人员的工作。据统计，仅电力部门的抄表队伍人数就数以万计，且人为方式弊端多，工作效率低，给管理部门造成了人力、物力、时间上的极大浪费。为了适应社会的需要，保证用户安全、合理、方便地用电，对传统的电表和用电的管理模式进行改造，使之符合社会发展的需要。

长期以来，我国生产的交流电度表均为感应式机械电度表，几十年来不得不采用人工抄读电表的原始方式。目前全国大部分电力公司、电业局完成了用电营业计算机管理系统的开发和应用。但作为用电管理最重要也是最基础的用电数据仍采用原始落后的人工抄收的方法,不但劳动强度大、效率低,而且还会存在抄表不到位、估抄、漏抄、错抄、错算及抄表周期长等问题,对窃电的防治更无从谈起。在社会走向信息化、网络化,电力系统大踏步现代化的今天,手工抄表更是与无人值班等高度的自动化形成了鲜明对比,成为制约供电系统现代化管理的一大障碍。就系统的完整性而言,电力系统从发电、配电、传输一直到区域变电所已基本实现网络化管理,而唯独用户终端没有和网络连接上,造成了系统的不完整,直接或间接地影响了系统潜能的发挥。

正是由于以上背景,智能电度表应运而生。所谓智能电表,就是应用计算机技术、通信技术等,形成以智能芯片(如 CPU)为核心,具有电功率计量计时、计费、与上位机通信、用电管理等功能的电度表。

目前,国内智能电度表从结构上大致可分为机电一体式和全电子式两大类。机电一体式,即在原机械式电度表上附加一定的部件,使其既完成所需功能,又降低造价且易于安装,一般而言其设计方案是在不破坏现行计量表原有物理结构,不改变其国家计量标准的基础上加装传感装置变成在机械计度的同时亦有电脉冲输出的智能表,使电子记数与机械记数同步,其计量精度一般不低于机械计度式计量表。这种设计方案采用原有感应式表的成熟技术,多用于老表改造。全电子式则从计量到数据处理都采用以集成电路为核心的电子器件,从而取消了电表上长期使用的机械部件,与机电一体化电度表相比具有电表体积减小,可靠性增加,更加精确,耗电减少,并且生产工艺大大改善,不必只在原有意义上的专业电度表厂生产等优越性,最终会取代带有机械部件的计量表。

## 1.5.2 智能电能表的原理和特点

### 1. 智能电能表的构成和原理

电子式智能电表,是在电子式电表的基础上,近年来开发面世的高科技产品,它的构成、工作原理与传统的感应式电能表有着很大的差别。感应式电表主要是由铝盘、电流电压线圈、永磁铁等元件构成,其工作原理主要是通过电流线圈与可动铅盘中感应的涡流相互作用进行计量的。而电子式智能电表主要是由电子元器件构成,其工作原理是先通过对用户供电电压和电流的实时采样,再采用专用的电能表集成电路,对采样电压和电流信号进行处理,并转换成与电能成正比的脉冲输出,最后通过单片机进行处理、控制,把脉冲显示为用电量并输出。

通常我们把智能电表计量 1kW·h 电时 A/D 转换器所发出的脉冲个数称之为脉冲常数,对于智能电表来说,这是一个比较重要的常数,因为 A/D 转换器在单位时间内所发出脉冲数个的多少,将直接决定着该表计量的准确度。目前智能电表大多都采用一户一个 A/D 转换器的设计原则,但也有些厂家生产的多用户集中式智能电表采用多户共用一个 A/D 转换器,这样对电能的计量只能采用分时排队来进行,势必造成计量准确度的下降,这点在设计选型时应该注意。

2. 智能电能表的特点

由于采用了电子集成电路的设计，再加上具有远传通信功能，可以与计算机联网并采用软件进行控制，因此与感应式电表相比，智能电表不论在性能还是操作功能上都具有很大的优势。

（1）功耗。由于智能电表采用电子元件设计方式，因此一般每块表的功耗仅有0.6～0.7W，对于多用户集中式的智能电表，其平均到每户的功率则更小。而一般每只感应式电表的功耗为1.7W左右。

（2）精度。就表的误差范围而言，2.0级电子式电能表在5%～400%标定电流范围内测量的误差为±2%，而且目前普遍应用的都是精确等级为1.0级，误差更小。感应式电表的误差范围则为+0.86%～-5.7%，而且由于机械磨损这种无法克服的缺陷，导致感应式电能表越走越慢，最终误差越来越大。国家电网曾对感应式电表进行抽查，结果发现50%以上的感应式电表在用了5年以后，其误差就超过了允许的范围。

（3）过载、工频范围。智能电表的过载倍数一般能达到6～8倍，有较宽的量程。目前8～10倍率的表成正为越来越多用户的选择，有的甚至可以达到20倍率的宽量程。工作频率也较宽，在40～1000Hz范围。而感应式电表的过载倍数一般仅为4倍，且工作频率范围仅为45～55Hz。

（4）功能。智能电表由于采用了电子表技术，可以通过相关的通信协议与计算机进行联网，通过编程软件实现对硬件的控制管理。因此智能电表不仅有体积小的特点，还具有了远传控制（远程抄表、远程断送电）、复费率、识别恶性负载、反窃电、预付费用电等功能，而且可以通过对控制软件中不同参数的修改，来满足对控制功能的不同要求。

3. 三相智能电能表用途

适用于各电厂、变电站、计量关口和企事业单位，是电力营销自动化系统中具有较高的实用价值的终端产品

4. 主要功能

（1）具有正向有功、反向有功电能、四象限无功电能计量功能，并可以据此设置组合有功和组合无功电能。

（2）测量双向最大需量、分时段最大需量及其出现的日期和时间，并存储带时标的数据。

（3）具有两套时区表，可配置两套时区表切换时间；具有两套日时段表，可配置两套日时段表切换时间。

（4）可测量电压、电流、有功功率、无功功率、视在功率、功率因数、相角、电网频率、电池电压等，并提供越限监测功能。

（5）记录电表失压、欠压、过压、断相、全失压、电压逆相序、电流逆相序、电压不平衡、电流不平衡、失流、过流、断流、潮流反向、过载、掉电、需量超限、总功率因数超限等事件，记录参数编程、电表清零、需量清零、事件清零、校时、时区时段参数配置、开表盖、开端钮盒、购电、跳闸、合闸等事件。事件记录内容符合电力行业标准《多功能电能表通信协议》（DL/T 645—2007）协议及其备案文件。

（6）负荷记录内容可以从"电压、电流、频率"、"有、无功功率"、"功率因数"、"有、无功总电能"、"四象限无功总电能"、"当前需量"六类数据项中任意组合选择。

（7）数据冻结方式分定时冻结、瞬时冻结、日冻结、约定冻结、整点冻结。

（8）停电后，可以通过按键唤醒电表抄表，也可以通过红外通信口唤醒电表，以便用抄表器抄表。

（9）可测量三相电压、三相电流波形失真度及 32 次以内的谐波含量。

（10）电能表具有 1 个红外通信接口、2 个 RS－485 通信接口。各通信口在物理层相互独立，一种通信信道的损坏不影响另一信道。另外，通信接口和电能表内部电路实行电气隔离，有失效保护电路。

# 任务 1.6　认识用电信息采集终端

用电信息采集终端（electric energy data acquire terminal）是对各信息采集点用电信息采集的设备，简称采集终端。可以实现电能表数据的采集、数据管理、数据双向传输以及转发或执行控制命令的设备。用电信息采集终端按应用场所分为专变采集终端、集中抄表终端（包括集中器、采集器）、分布式能源监控终端等类型。

1. 专变采集终端

专变采集终端（data acquire terminal of special transformer）是对专变用户用电信息进行采集的设备，可以实现电能表数据的采集、电能计量设备工况和供电电能质量监测，以及客户用电负荷和电能量的监控，并对采集数据进行管理和双向传输。

2. 集中抄表终端

集中抄表终端（centralized meter reading terminal）是对低压用户用电信息进行采集的设备，包括集中器、采集器。集中器是指收集各采集器或电能表的数据，并进行处理储存，同时能和主站或手持设备进行数据交换的设备。采集器是用于采集多个或单个电能表的电能信息，并可与集中器交换数据的设备。采集器依据功能可分为基本型采集器和简易型采集器。基本型采集器抄收和暂存电能表数据，并根据集中器的命令将储存的数据上传给集中器。简易型采集器直接转发集中器与电能表间的命令和数据。

3. 分布式能源监控终端

分布式能源监控终端（monitor terminal of distributed energy sources）是对接入公用电网的用户侧分布式能源系统进行监测与控制的设备，可以实现对双向电能计量设备的信息采集、电能质量监测，并可接受主站命令对分布式能源系统接入公用电网进行控制。

## 思 考 及 练 习 题

1.1　什么是电能计量装置？主要包括哪几部分？

1.2　简述电能表额度最大电流和基本电流的含义。

1.3　感应式单相电能表由哪些主要部件组成？

1.4　某单相电能表 1.0 级、电能表常数 1500r/（kW·h）、额定电压 220V、标定电流 5A，当负载为一只 60W 的白炽灯时，转盘转 10r，用秒表记录时间为 $t=343s$，问：该单相表计量是否准确？

1.5 表 1.4 是某用户主要用电器的额定功率，黑体字是常用负载。

表 1.4                                        题 1.5 表

| 用电器 | 节能灯 8 盏 | 空调 | 电视机 | 电饭锅 |
|--------|------------|------|--------|--------|
| 额定功率/W | 每盏 8 | 2000 | 120 | 1500 |

问：给该用户选用 2.0 级的 10（20）A 和 5（10）A 的电能表哪个更合适？

1.6 某用户电能表的铭牌上标有 5（20）A，表 1.5 是他家主要用电器的额定功率。

问：该用户的用电器能否同时使用？

表 1.5                                        题 1.6 表

| 用电器 | 白炽灯 6 盏 | 电热水壶 | 电视机 | 空调机 |
|--------|------------|----------|--------|--------|
| 额定功率/W | 每盏 60 | 1200 | 120 | 2000 |

1.7 画出电子式电能表的工作原理框图，并简述其工作原理。

1.8 简述冻结电量的意义。

1.9 简述智能电能表的构成和原理。

1.10 简述用电信息采集终端的类型。

# 项目 2　安装电能计量装置

**学习目标**

1. 能够掌握单相电能表安装方法及操作技能；
2. 能够掌握直入式三相有功电能表安装接线方法及操作技能；
3. 能够掌握三相无功电能表安装方法及操作技能；
4. 能够掌握三相电能表与互感器安装方法及操作技能。

**项目导航**

1. 单相电能表安装接线；
2. 直入式三相有功电能表安装接线；
3. 三相无功电能表安装接线；
4. 三相电能表与互感器安装接线。

## 任务 2.1　单相电能表安装接线

### 2.1.1　单相电能表安装接线

1. 任务背景

某居民到供电部门申请需要安装单相电能表。

对于供电部门而言，如何选用单相电能表的电流规格，确保该电能表计量的准确性、可靠性？居民生活用电所使用的单相电能表应该如何选用电流规格？如何正确接线？

**任务导出：单相电能表安装接线**

2. 任务知识准备

(1) 单相电能表电流规格种类。

单相电能表电流标示方式一般规格有以下几种：1.5 (6) A、2.5 (10) A、5 (20) A、5 (30) A、10 (40) A、10 (60) A、15 (60) A、20 (80) A，极限为 20 (100) A（极少用到）。

前面数值是标定电流或称额定电流（$I_b$），括号内为最大负载电流 $I_{max}$。在使用中负载功率电流不能超过电能表的最大负载电流。反之会造成仪表损坏。严重时会造成仪表烧毁及安全事故。

单相电能表的电流规格基本上有以上这几种。随着经济发展，人民生活水平的提高，家用电器的不断增多，小规格的电能表已不适合目前市场环境，基本已停产。目前主流规格基本都是 5 (20) A 或 5 (30) A。很多地方已把 10 (40) A 作为民用的基本规格选用安装。单相电能表最大规格一般选用 20 (80) A，其过载能力可达 100A，在这个范围内基本不会损坏或出现安全事故。如果负载经常在 100A 左右，建议选装三相四线电能表相对安全。20（100）A 的电能表在单相电能表电流规格中已属极限。如果最大负载电流超过 80A，可以适当选择此规格。

根据规程要求，直接接入式的单相电能表，其基本电流应根据额定最大电流和过载倍数来确定，其中，额定最大电流应按经核准的客户报装负荷容量来确定；过载倍数，对正常运行中的电能表实际负荷电流达到最大额定电流的 30% 以上的，宜取 2 倍表；实际负荷电流低于 30% 的，应取 4 倍表。居民配表时一般都放宽 1 倍，满足居民在一定时期内用电自然增长的需要，申请 10A 就配最大额定电流 20A 的表，考虑居民用电负荷随季节性变化比较大，为了计量准确现在都选用 4 倍表即 5（20）A。

上述意思就是 5（10）A 的表比 10（20）A 和 5（20）A 最大允许使用电流小 1 倍，5（20）A 的表和 10（20）A 的表最大允许使用电流是一样的，但轻负载的时候 5（20）A 的表计量更准确。

（2）单相电能表的电流规格选择。

正常情况下电能表安装规格是由国家电力部门根据当地经济状况和用电量情况统一选装的。个人不能随意安装。

例如，家中有如下电器：电冰箱，500W；洗衣机，500W；电磁炉，2000W；空调，2000W；微波炉，2000W；电脑，300W；电视机，150W；音响，500W；电热水器，1500W；再加上各种照明及相关用电设备假设为 300W。根据 $P=UI$ 得出该居民用照明电电压 220V，其电流总和为 44.3A。那么在选择电能表时即可选择 10（60）A 这一规格。因为空调和冰箱在启动时其电流是大于正常工作时电流的，因此必须留有余量，避免出现意外情况。

依此类推就可以算出合适的单相电能表。

那么为什么非要这样算呢？既然这样选用一个最大的就行了，那就不用担心了。

不能这么理解的。

第一，电能表规格不同价格就不一样，一般电流越大价格越贵。

第二，是计量问题。标准要求 1 级表启动电流为其基本电流的 4‰。所以才会用出现选择合适计量规格的说法。1.5（6）A 与 20（80）A 的启动电流差别就很大的。前者为 6mA，后者为 80mA。启动电流是指电能表开始计量的下限值。低于启动电流，电能表将不能正常地计量或不计量。那么这部分功率就成了损耗。只能在总表上体显出来。

### 2.1.2　单相电能表的正确接线

单相电能表的正确接线如图 2.1 所示。

无论是电子式还是感应式，单相有功电能表的外部接线都是一样的。单相电能表是从左到右四个接线端孔依次为 1、2、3、4。1 和 3 分别接上输入电能表的火线和零线端，2 和 4 分别接上输出电能表的火线和零线端。即从左到右，1 火线进，2 负载火线出线，3 零线进，4 负载零线出线。

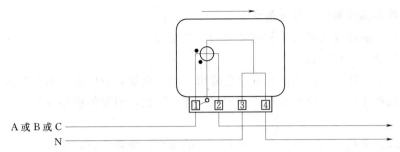

图 2.1 单相电能表的接线图

注：1. 单相计量有功电能，直接接入式接线图。

2. 单相用户专用（5A、10A、20A 选用）。

3. 适用电压 220V。

### 2.1.3 单相电能表的安装接线要求

（1）安装工作之前，检查所需的材料、工具和仪表等是否配备齐全，检查工器具是否有问题。

（2）在计量箱上安装时，单相电能表接线应采用额定电压为 500V 的绝缘铜芯单股导线，当负荷电流小于 20A 时，导线截面不应小于 $2.5mm^2$。当负荷电流大于 20A 以上时，导线截面不应小于 $4mm^2$。导线绝缘表层相线（火线）应为红色，零线应为蓝色。

（3）单相电能表距计量柜（箱）外壳的距离及电能表之间的间距均不得小于 10cm。

（4）在安装接线时，必须严格按照单相电能表正确接线图接线。

（5）接进电能表导线与电能表接线端钮应为同种金属导体；进表导体裸露部分必须全部插入接线盒内，并将端子螺丝逐个拧紧，导线截面小而接线孔大时，应采取有效的补救措施。

（6）单相电能表零线必须与电源中性线直接连通，严禁采用接地、接金属屏外壳等方式代替。

（7）安装工作完成后，应进行全面检查，清扫现场，整理放好工器具。

### 2.1.4 实训材料及工器具

| | |
|---|---|
| 电能计量箱 | 1 个 |
| 单相感应式电能表（DD 型） | 1 块 |
| 电工工具（包） | 1 套 |
| 红、蓝导线（$2.5mm^2$） | 各 10m |
| 塑料线扎 | 1 包 |
| 万用表 | 1 只 |
| 安装固定螺钉 | 5 颗 |

### 2.1.5 单相电能表安装操作步骤

（1）根据用户用电情况，选择确定电能表型号、规格、安装位置。

（2）画出单相电能表安装接线图。

（3）根据负荷情况选择导线截面，按所需长度剪断导线，并剥削导线线头。

（4）悬挂并固定单相有功电能表。

（5）根据安装接线图进行单相电能表的安装接线。

（6）并拧紧所有接线螺丝。

（7）剥削导线线头时，剥削长度符合要求，接入电能表应使线头不外露。

（8）导线连接好后，应用万用表或测试灯进行测试，测量每根导线是否有通路、接点是否正确。

（9）整理、绑扎、固定导线，并留有一定的余线，使其整齐、美观、合理、清楚。

（10）安装接线完毕，清理工作现场，确认工作现场无遗留的工器具、材料等物品，并向指导教师汇报。

### 2.1.6　单相电能表安装操作评分标准

单相电能表安装操作评分标准见表 2.1。

表 2.1　　　　　　　　　　　　　　单相电能表安装实训评分表

班级：_____　学生姓名：_____　学号：_____

实训考件编号：_____总分：_____

| 项　目 | 技　术　标　准 | 标准分 |
|---|---|---|
| 安装<br>接线<br>（40 分） | （1）单相电能表安装要牢固。 | 10 分 |
|  | （2）导线应使用不小于 2.5mm² 铜质单芯绝缘线。 | 5 分 |
|  | （3）导线颜色红（相线）、蓝（零线），接地线用黄/绿双色线。 | 10 分 |
|  | （4）导线安装装与图纸相符，接线正确。 | 10 分 |
|  | （5）每个端子接线孔螺钉压接只允许接入一根导线。 | 5 分 |
| 安装<br>工艺<br>要求<br>（40 分） | （6）导线外部应无损伤痕迹。 | 6 分 |
|  | （7）接线孔处不能裸露导线线芯。 | 4 分 |
|  | （8）端子接线孔的螺钉压接不允许压导线绝缘层。 | 4 分 |
|  | （9）布线合理、美观。 | 5 分 |
|  | （10）导线横平、竖直。 | 5 分 |
|  | （11）转弯要做成自然弧度直角（线径的 3 倍）。 | 4 分 |
|  | （12）接线端应留有一定的余量，有层次感。 | 4 分 |
|  | （13）绑扎间隔距离不大于 100mm，均匀、牢固。 | 5 分 |
|  | （14）扎带头要剪平后藏到里侧。 | 3 分 |
| 安全<br>文明<br>生产<br>（20 分） | （15）工器具使用要得当。 | 5 分 |
|  | （16）操作过程安全。 | 5 分 |
|  | （17）现场清理：材料、工器具全部回收且摆放整齐。 | 5 分 |
|  | （18）到指导老师处报告"操作完毕"。 | 5 分 |
| 时间<br>规定 | （19）限时 30min，每提前 1min 加 1 分，最高加 5 分。 | 5 分 |
|  | （20）超时。 | −20 分 |

用时：　　　　　实训日期：

# 任务 2.2　直入式三相有功电能表安装接线

## 2.2.1　直入式三相有功电能表安装接线

1. 任务背景

某用电用户到供电部门申请需要安装三相有功电能表。

2. 任务知识准备

用户负荷电流为 30A 以下时的低压三相用户适用。根据负荷情况安装 3×10A、3×20A、3×30A 的三相有功电能表。

**任务导出：直入式三相有功电能表安装接线**

3. 任务接线要求

（1）三相有功电能表的额定电压应与电源电压一致，额定电流应等于或略大于负荷电流（负荷应不小于表盘标定值的 20%）。

（2）按正相序接线，开关和熔断器接负荷侧。

（3）导线应使用绝缘单股铜导线，其截面应满足负荷电流的需要，但不得小于 $2.5mm^2$。

（4）导线不得有接头。

（5）三相四线有功电能表的零线必须进、出表。

4. 三相有功电能表使用要求

（1）三相四线有功电能表（DT 型），可对三相四线对称或不对称负载作有功电量的计量；而三相三线有功电能表（DS 型），仅可对三相三线对称或不对称负载作有功电量的计量。

（2）电能表导线的选用：按导线选择口诀计算。

**例 2.1**：某三相四线负荷为 25A，选直入式电能表作有功电量计量。选 DT8 380/220 3×30A 的有功电能表。导线用 BV-10（截面为 $10mm^2$ 的聚氯乙烯绝缘铜芯电线）。

**例 2.2**：某三相三线负荷电流为 15A，选直入式电能表作有功电量计量。选 DS15 380V 3×20A 的有功电能表。导线用 BV-6（截面为 $6mm^2$ 的聚氯乙烯绝缘铜芯电线）。

5. 三相有功电能表安装要求

（1）安装三相有功电能表工作之前，检查所需的材料、工具、仪表等是否配备齐全，检查工器具有否问题。

（2）三相有功电能表安装时，应保证其可转动的铝盘为水平。

（3）应按正相序接线。所用的导线，应是铜芯绝缘导线。其截面应满足负荷电流的需要，但最小不得小于 $2.5mm^2$。应采用不同颜色的导线连接，一般为黄、绿、红、蓝代表 A、B、C、N 相序。

（4）三相有功电能表外线不得有接头，中性线必须进、出表端子。螺丝应拧紧，严防松动。

（5）三相有功电能表不得装在潮湿、有腐蚀性气体、有易燃易爆气体场所，也不得装在有强磁场干扰的场所。

（6）明装电能表距地面应在1.8～2.2m，暗装应不低于1.4m。装于立式盘和成套开关柜时，不应低于0.7m。

## 2.2.2 直入式三相有功电能表接线原理图

（1）三相四线（DT）有功电能表的接线如图2.2所示。

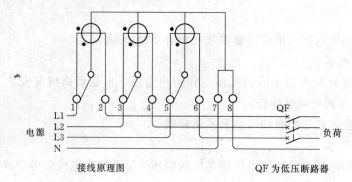

图2.2 三相四线（DT）有功电能表接线原理图

（2）三相三线（DS）有功电能表的接线如图2.3所示。

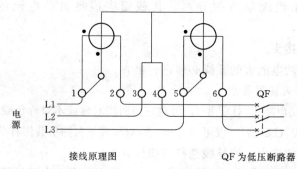

图2.3 三相三线（DS）有功电能表接线原理图

## 2.2.3 实训材料及工器具

| | |
|---|---|
| 电能计量箱 | 1个 |
| 三相四线感应式有功电能表（DT型） | 1块 |
| 三相三线感应式有功电能表（DS型） | 1块 |
| 电工工具（包） | 1套 |
| 黄、绿、红、蓝（黑）绝缘导线（2.5mm²） | 各10m |
| 塑料线扎 | 1包 |
| 万用表 | 1只 |
| 安装固定螺钉 | 10颗 |

## 2.2.4 直入式三相有功电能表安装操作步骤

（1）根据用户用电情况，选择确定电能表型号、安装位置。

（2）画出直入式三相有功电能表安装接线图。

（3）根据负荷情况选择导线截面，按所需长度剪断导线，并剥削导线线头。

（4）悬挂并固定直入式三相有功电能表。

（5）根据安装接线图进行直入式三相有功电能表接线。

（6）拧紧所有接线螺丝。

（7）剥削导线线头时，剥削长度符合要求，接入电能表应使线头不外露。

（8）应按正相序接线。所用的导线，应是铜芯绝缘导线。其截面应满足负荷电流的需要，但最小不得小于 2.5mm²。应采用不同颜色的导线连接，一般为黄、绿、红、蓝和黄绿相间代表 A、B、C、N、E 相序。

（9）导线连接好后，应用万用表或测试灯进行测试，测量每根导线是否有通路、接点是否正确。

（10）整理、绑扎、固定导线，并留有一定的余线，使其整齐、美观、合理、清楚。

（11）安装接线完毕，清理工作现场，确认工作现场无遗留的工器具、材料等物品，并向指导教师汇报。

## 2.2.5　直入式三相四线有功电能表用三只单相电能表代替的好处

三相四线供电系统的电能，通常用一只三相四线电能表，而很少采用三只单相电能表。用一只三相四线电能表代替三只单相电能表计量，在结构上简化多了，从理论上讲计量准度是相同的，因为一只三相四线电能表，相当于把三只单相电能表装在同一表箱中，不同的是单相电能表是一个电流线圈和一个电压线圈组成一套元件，共同驱动一个铝圆盘，带动一根轴旋转计量电能。如用三只单相电能表，就需要三套元件，三个铝圆盘、三根轴及三套表轴承和三套计数机构，分装在三只小表箱中，三相四线系统的电能是三只单相表各自计量的电能之和。而三相四线电能表，是在一个大表箱中，装入三套元件，共同驱动一个铝圆盘，带动一根轴旋转，只用一套计数机构计量三相四线系统的全部电能。由此看来，用一只三相四线电能表与用三只单相电能表，计量准确度一样，而结构却大简化了。可是，在实际测量中，这样结构的简化相应带来了以下缺点：

（1）由于三相四线电能表是三套元件共装入一个表箱中，所有接线全部进入一个接线盒，这就造成接线复杂，容易出现误接线。

（2）用一只三相四线电能表测量三相电能，易安装错误。当用三只单相电能表测量三相电能，这就简单很多。在轮换校验时，要全部拆装，工作量大，在轮换校验时，每次只需拆装一相的一只电能表。

（3）用三只单相电能表计量三相电能时，其中一相表计损坏，不致影响其他两相的计量，这就对更正电量和更换损坏表，都比较方便。

（4）用三只单相电能表计量电能，容易了解三相负荷的平衡情况，为调整负荷带来方便。

（5）从理论上讲，用一只三相四线电能表计量与用三只单相电能表计量的准确度是一样的，但在实际工作中，常出现由于施工时不注意，使三个电压线圈的公用线与中性线连接部分出现接触电阻，接触电阻将会引起整个表出现计量误差。而且接触电阻愈大，误差也愈大。当施工质量优良，即电阻近于零时，即使负载所加电压（$U_A$、$U_B$、$U_C$）产生不平衡，也不会引起计量误差。

　　通过以上论述，说明用三只单相电能表代替三相四线电能表的好处，其接线如图2.4所示。事实上用三只单相表比用一只三相四线电能表，在购表费用及安装尺寸上都大不了多少，但带来的好处却很多。

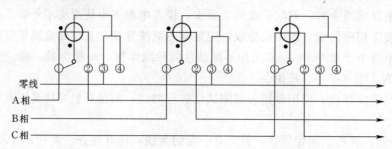

图2.4　三只单相电能表代替三相四线电能表接线

## 2.2.6　直入式三相有功电能表安装操作评分标准

　　直入式三相有功电能表安装实训评分见表2.2。

表2.2　　　　　　　　　　　　　直入式三相有功电能表安装实训评分表

班级：＿＿＿＿＿＿＿＿＿＿＿　学生姓名：＿＿＿＿＿＿＿＿＿＿＿　学号：＿＿＿＿＿＿＿＿＿＿＿

实训考件编号：＿＿＿＿＿＿＿＿＿＿＿　总分：＿＿＿＿＿＿＿＿＿＿＿

| 项　目 | 技　术　标　准 | 标准分 |
|---|---|---|
| 安装接线<br>（40分） | （1）直入式三相有功电能表安装要牢固。 | 10分 |
| | （2）导线应使用不小于2.5mm²铜质单芯绝缘线。 | 5分 |
| | （3）导线颜色黄（A相）、绿（B相）、红（C相）、蓝（N相），接地线用黄/绿双色线。 | 10分 |
| | （4）导线安装与图纸相符，接线正确。 | 10分 |
| | （5）每个端子接线孔螺钉压接只允许接入一根导线。 | 5分 |
| 安装工艺<br>要求<br>（40分） | （6）导线外部应无损伤痕迹。 | 6分 |
| | （7）接线孔处导线线芯不能裸露。 | 4分 |
| | （8）端子接线孔螺钉压接时不允许压导线绝缘层。 | 4分 |
| | （9）导线布线合理、美观。 | 5分 |
| | （10）导线要求横平、竖直。 | 5分 |
| | （11）导线转弯要做成自然弧度直角（线径的3倍）。 | 4分 |
| | （12）接线端应留有一定的余量。有层次感。 | 4分 |
| | （13）绑扎间隔距离不大于100mm，均匀、牢固。 | 5分 |
| | （14）扎带头要剪平后藏至里侧。 | 3分 |
| 安全文明<br>生产<br>（20分） | （15）工器具使用要得当。 | 5分 |
| | （16）操作过程安全。 | 5分 |
| | （17）现场清理：材料、工器具全部回收且摆放整齐。 | 5分 |
| | （18）到指导老师处报告"操作完毕"。 | 5分 |
| 时间规定 | （19）限时30min，每提前1min加1分，最高加5分。 | 5分 |
| | （20）超时。 | －20分 |

用时：　　　　　　实训日期：

# 任务 2.3　三相无功电能表安装接线

## 2.3.1　三相无功电能表安装接线

1. 任务背景

国家对电力用户实行了依据功率因数的高低调整电费的办法，以鼓励用户采取措施，提高功率因数。如果负载功率因数低，意味着无功功率增加，则将产生下列后果：

（1）当发、供电设备容量一定时，在额定电压和额定电流下，负载的功率因数越低，则发、供电设备发出的有功功率减少，无功功率增大，发、供电设备容量就不能充分利用。

（2）增加输电线路损耗和电压降。

**任务导出：三相无功电能表安装接线**

2. 任务知识准备

通过电压表、电流表和功率表的指示值，可以计算出功率因数，或用功率因数表进行监视，但是这只能测量到某一时刻功率因数的瞬时值，而用户的功率因数是随着有功负载和无功负载的变化而变化的。为了测量用户在一个月的平均功率因数，规定以用户在一个月内有功和无功负载的累积量来计算，公式为

$$\cos\Phi = \frac{W_P}{\sqrt{W_P^2 + W_Q^2}}$$

无功电能表正确计量无功的条件：电流元件产生的磁通正比于电流；电压元件产生的磁通正比于电压。

（1）无功电能表的分类。

1）正弦型无功电能表（目前较少采用）。

2）跨相 90°无功电能表（利用有功表采用不同接线方式可以测量无功）。

3）60°无功电能表（多采用）。

（2）正弦型无功电能表。

1）有功电能表电流线圈并电阻接线如图 2.5（a）所示，相量图如图 2.5（b）所示。

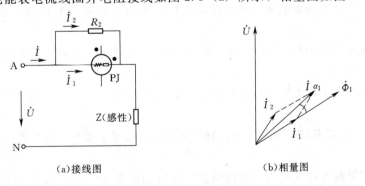

(a)接线图　　　　　　　(b)相量图

图 2.5　有功电能表电流线圈并电阻

负荷电流 $I$ 不变，电能表阻抗不变，改变 $R_2$，就能改变 $I_1$ 和 $I_2$ 大小和方向，从而改变电流工作磁通 $\Phi_1$ 和 $I$ 的夹角 $\alpha_1$（图2.5相量分析忽略电流元件的各种损耗）。

2）有功电能表电压线圈串电阻接线如图2.6（a）所示，相量图如图2.6（b）所示。

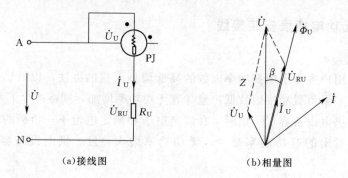

（a）接线图  （b）相量图

图2.6　有功电能表电压线圈串电阻

电源电压 $U$ 不变，电能表阻抗不变，改变 $R_U$，就能改变 $U_U$ 和 $U_{RU}$ 大小和方向，从而改变电压工作磁通 $\Phi_U$ 和 $U$ 的夹角 $\beta$（图2.6相量分析忽略电压元件的各种损耗）。

3）正弦型单向无功电能表接线如图2.7（a）所示，相量图如图2.7（b）所示。

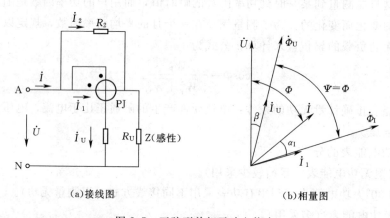

（a）接线图  （b）相量图

图2.7　正弦型单相无功电能表

调整 $\Phi_U$ 和 $\Phi_1$ 的角度，使 $\sin\Psi=\sin\Phi(\Psi=\Phi)$。

4）正弦型单向无功电能表（电流反极性）接线如图2.8（a）所示，相量图如图2.8（b）所示。

调整 $\Phi_U$ 和 $\Phi_1$ 的角度，使 $\Psi=\Phi$。180°型无功电度表 $\Phi=0°$ 时，接入电度表的两磁通为180°。

5）正弦型单向无功电能表（电压反极性）接线如图2.9（a）所示，相量图如图2.9（b）所示。

调整 $\Phi_U$ 和 $\Phi_1$ 的角度，使 $\Psi=\Phi$。180°型无功电度表：$\Phi=0°$ 时，接入电度表的两磁通为180°。

6）正弦型单向无功电能表（容性负载）接线如图2.10（a）所示，相量图如图2.10（b）所示。

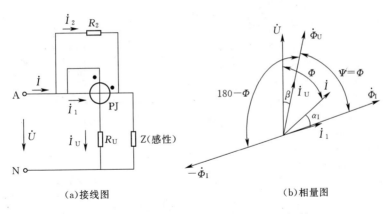

（a）接线图　　　　　　　（b）相量图

图 2.8　正弦型单相无功电能表（电流反极性）

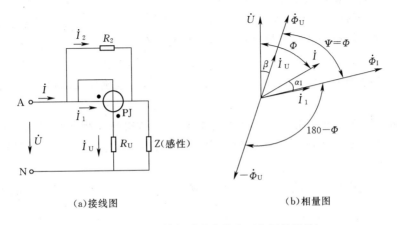

（a）接线图　　　　　　　（b）相量图

图 2.9　正弦型单相无功电能表（电压反极性）

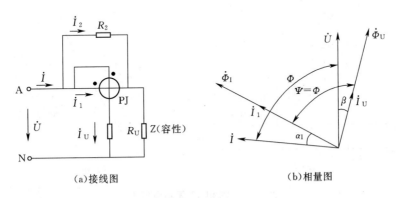

（a）接线图　　　　　　　（b）相量图

图 2.10　正弦型单相无功电能表（容性负载）

0°型无功电度表：$\Phi=0°$时，接入电度表的两磁通为0°。测量容性无功时，不必改变电压或电流的极性。

7）正弦型两元件三相无功电能表接线如图 2.11（a）所示，相量图如图 2.11（b）所示。

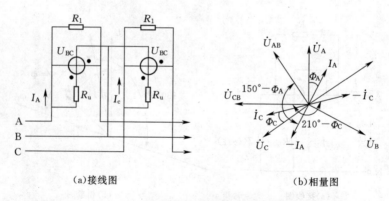

（a）接线图　　　　　　　　（b）相量图

图 2.11　正弦型两元件三相无功电能表

实际上是两只单相正弦型无功电能表的组合体。

8）正弦型三元件三相无功电能表。三元件三相正弦型无功电能表实际上是三只单相正弦型无功电能表的组合体，其接线原则与三相四线有功电能表相同。正弦型无功电能表优点：适用范围广，单相和三相电路均可采用，三相电路电压是否对称、负载是否平衡均能正确计量。正弦型无功电能表缺点：成本高，功耗大，准确度难以提高。所以目前较少采用。

（3）跨相 90°型无功电能表。这种无功电能表的结构与三相四线有功电能表完全相同，有三组电磁元件，区别在于内部接线不同。用以测量电压对称的三相三线和三相四线电路中的无功电能。

跨相 90°型三相无功电能表原理接线如图 2.12（a）所示，相量图如图 2.12（b）所示。

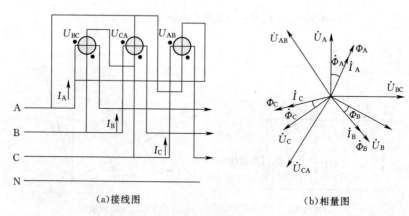

（a）接线图　　　　　　　　（b）相量图

图 2.12　跨相 90°无功电能表

每组电磁元件上的电压线圈（如 $U_{BC}$）的相位滞后对应电流线圈（如 $I_A$）所接相的电压（如 $U_A$）相位 90°。A 相电流，BC 相电压和他们夹角的余弦是有功功率的公式。所以，利用有功电能表可以测量 A 相无功电能，接线是 A 相电流，BC 相电压。但测量值要相应除以 $\sqrt{3}$。

跨相 90°型三相无功电能表适用范围：按跨相 90°原理制成的三元件三相无功电能表，

只在完全对称或简单不对称的三相三线和三相四线电路中才能实现正确计量。

（4）60°型无功电能表原理。这种无功电能表的结构与三相三线有功电能表相似，区别在于电能表的内相角（$U$ 与 $\Phi_U$ 的相位差角），有功电能表的内相角为：

$$\beta = \Phi + \alpha_1 + \Psi = 90° + \alpha_1 \ (\Phi + \Psi = 90°)$$

若 $\alpha_1 = 0$，则 $\beta = 90°$（正弦型无功电能表 $\beta = \alpha_1$）。

无功电能表在电压线圈中串接了一个电阻 $R$，并加大电压工作磁通磁路的空气气隙，来降低电压线圈的感抗，从而使 $\beta$ 减小，由有功表的 $\beta = 90° + \alpha_1$，降到 $\beta = 60° + \alpha_1$。

若 $\alpha_1 = 0$，则 $\beta = 60°$。

1）两元件60°型无功电能表接线如图 2.13（a）所示，相量图如图 2.13（b）所示。

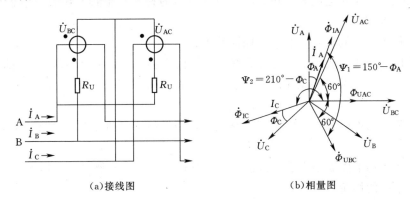

（a）接线图　　　　　　　　　（b）相量图

图 2.13　两元件 60°型无功电能表

假设电流元件的损耗角为 0，调节 $R$，使 $\Phi_{UBC}$ 滞后 $U_{BC}$ 60°，$\Phi_{UAC}$ 滞后 $U_{AC}$ 60°，$\Psi_1 = 150° - \Phi_A$。

2）三元件60°型无功电能表接线如图 2.14（a）所示，相量图如图 2.14（b）所示。

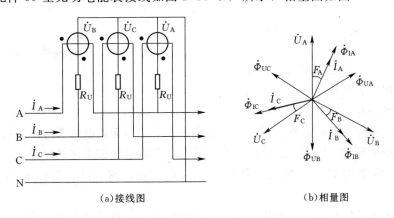

（a）接线图　　　　　　　　　（b）相量图

图 2.14　三元件 60°型无功电能表

例如：其中一电磁元件接线 $I_A$ 和 $U_B$，根据 60°相角原理，使 $\Phi_{UB}$ 滞后 $\Phi_{UB}$ 60°，则 $\Psi = 180° - \Phi_A$。

适用范围：三相电压对称的三相四线电路的无功电能。

### 2.3.2 三相无功电能表接线要求

（1）三相无功电能表额定电压应与电源电压一致。

（2）按正相序接线，开关和熔断器接负荷侧。

（3）线应使用绝缘铜导线，其截面应满足负荷电流的需要，但不得小于 $2.5mm^2$。

（4）导线中间不得有接头。

（5）三相无功电能表接线应严格按照原理图安装。

### 2.3.3 三相无功电能表接线安装要求

（1）安装三相无功电能表工作之前，检查所需的材料、工具、仪表等是否配备齐全，检查工器具有否问题。

（2）三相无功电能表安装时，应保证其水平。

（3）所用的导线，应是铜芯绝缘导线。其截面应满足负荷电流的需要，但最小不得小于 $2.5mm^2$。应采用不同颜色的导线连接，一般为黄、绿、红、蓝代表 A、B、C、N 相序。

（4）三相无功电能表外线中间不得有接头，中性线必须进、出表端子。螺丝应拧紧，严防松动。

（5）三相无功电能表不得装在潮湿、有腐蚀性气体、有易燃易爆气体场所，也不得装在有强磁场干扰的场所。

（6）明装三相无功电能表距地面应在 $1.8\sim2.2m$，暗装应不低于 $1.4m$。装于立式盘和成套开关柜时，不应低于 $0.7m$。

### 2.3.4 三相无功电能表安装接线安装操作步骤

（1）根据用户用电情况，选择确定三相无功电能表型号、安装位置。

（2）画出三相无功电能表安装接线图。

（3）根据负荷情况选择导线截面，按所需长度剪断导线，并削剥导线线头。

（4）悬挂并固定三相无功电能表。

（5）根据安装接线图进行三相无功电能表接线。

（6）拧紧所有接线螺丝。

（7）剥削导线线头时，剥削长度符合要求，接入三相无功电能表应使线头不外露。

（8）所用的导线，应是铜芯绝缘导线。其截面应满足负荷电流的需要，但最小不得小于 $2.5mm^2$。应采用不同颜色的导线连接，一般为黄、绿、红、蓝代表 A、B、C、N 相序。

（9）导线连接好后，应用万用表或测试灯进行测试，测量每根导线是否有通路、接点是否正确。

（10）整理、绑扎、固定导线，并留有一定的余线，使其整齐、美观、合理、清楚。

（11）安装接线完毕，清理工作现场，确认工作现场无遗留的工器具、材料等物品，并向指导教师汇报。

## 2.3.5　实训材料及工器具

| | |
|---|---|
| 电能计量箱 | 1 个 |
| 三相无功电能表（DX 型） | 1 块 |
| 电工工具（包） | 1 套 |
| 黄、绿、红、蓝（黑）绝缘导线（2.5mm²） | 各 10m |
| 塑料线扎 | 1 包 |
| 万用表 | 1 只 |
| 安装固定螺钉 | 10 颗 |

## 2.3.6　三相无功电能表安装实训评分表

三相无功电能表安装实训评分见表 2.3。

表 2.3　　　　　　　　　　三相无功电能表安装实训评分表

班级：＿＿＿＿＿＿＿＿　　学生姓名：＿＿＿＿＿＿＿　　学号：＿＿＿＿＿＿＿＿＿＿

实训考件编号：＿＿＿＿＿＿＿＿＿　　总分：＿＿＿＿＿＿＿＿＿＿

| 项　目 | 技　术　标　准 | 标准分 |
|---|---|---|
| 安装<br>接线<br>（40 分） | （1）三相无功电能表安装要牢固。 | 10 分 |
| | （2）导线应使用不小于 2.5mm² 铜质单芯绝缘线。 | 5 分 |
| | （3）导线颜色黄（A 相）、绿（B 相）、红（C 相）、蓝（N 相），接地线用黄/绿双色线。 | 10 分 |
| | （4）导线安装与图纸相符，接线正确。 | 10 分 |
| | （5）每个端子接线孔螺钉压接只允许接入一根导线。 | 5 分 |
| 安装<br>工艺<br>要求<br>（40 分） | （6）导线外部应无损伤痕迹。 | 6 分 |
| | （7）接线孔处导线线芯不能裸露。 | 4 分 |
| | （8）端子接线孔螺钉压接不允许压导线绝缘层。 | 4 分 |
| | （9）导线布线合理、美观。 | 5 分 |
| | （10）导线要求横平、竖直。 | 5 分 |
| | （11）导线转弯要做成自然弧度直角（线径的 3 倍）。 | 4 分 |
| | （12）接线端应留有一定的余量。有层次感。 | 4 分 |
| | （13）绑扎间隔距离不大于 100mm，均匀、牢固。 | 5 分 |
| | （14）扎带头要剪平后藏到里侧。 | 3 分 |
| 安全<br>文明<br>生产<br>（20 分） | （15）工器具使用要得当。 | 5 分 |
| | （16）操作过程安全。 | 5 分 |
| | （17）现场清理：材料、工器具全部回收且摆放整齐。 | 5 分 |
| | （18）到指导老师处报告"操作完毕"。 | 5 分 |
| 时间<br>规定 | （19）限时 30min，每提前 1min 加 1 分，最高加 5 分。 | 5 分 |
| | （20）超时。 | －20 分 |

用时：　　　　　实训日期：

# 任务2.4 三相电能表与互感器安装接线

## 2.4.1 三相电能表与互感器安装接线

### 1. 任务背景

某用户到供电部门申请安装大负荷三相电能表。

对于供电部门而言，一般小于100A的不需要加互感器，而大于100A加了互感器之后相当于把大电流变成小电流后再进入电能表，这个就不会烧坏电表。电压互感器的作用是将高电压按比例变换成低电压。保证工作人员安全，加了电流、电压互感器后读取电表数时应乘以互感器相应的倍数。电流互感器如何选用？电流、电压互感器安装时应注意什么？三相电能表与互感器如何正确接线？

**任务导出：三相电能表与互感器安装**

### 2. 任务知识准备

高压、低压计量装置在实际工作中常常出现电流互感器（TA）和电能表选用不当、联用不妥的现象，给企业造成很大损失。例如，有一个用电户安装了一台20kVA变压器，电工在计量装置中配3只50/5A的TA，再联用一只DT8-25（50）的电能表，一个月下来只计得用电量450kW·h左右。像TA变比选大、配小、准确级次不够，电能表容量偏大、偏小等更是常见。

（1）电流互感器TA的合理选用。

1）本地区用电户多属第Ⅳ类、第Ⅴ类电能表计量装置，老规程要求TA准确级次为0.5级就可以，而新的《电能计量装置技术管理规程》要求，应配置准确级次为0.5S级的TA。

2）现在安装的低压电流互感器多采用穿心式，灵活性大，可根据实际负荷电流大小选择变比，但确定穿绕匝数要注意铭牌标注方法，否则容易出错。通常穿绕匝数是以穿绕入互感器中心的匝数为准，而不是以绕在外围的匝数为准，当误为外围匝数时，计算计量电能将会出现很大差错。

3）TA的选择，简单说来就是怎样确定额定一次电流的问题。它应"保证其在正常运行中的实际负荷电流达到额定值的60%左右，至少应不小于30%"。如有一台100kVA配变供制砖机生产用电，负荷率为70%左右，那么在正常生产时的实际负荷电流约100A，按上面所述标准选择，就应该配置150/5A规格的TA，这样就保证了轻负荷时工作电流不低于30%额定值，同时也满足了对TA的二次侧实际负荷的要求。

4）TA变比选大，在实际工作中常发生。当用电处在轻负荷时，实际负荷电流将低于TA的一次额定电流的30%，特别当负载电流低到标定电流值的10%及以下时，比差增加，并且是负误差。所以，为了避免TA长期运行在低值区间，对于农村负荷或变化较大的负荷，宜选用高于60%额定值，只要最大负荷电流不超过额定值的120%即可。

5）TA 变比选小，这种状况仅发生在电工对实际负荷调查不清，或用户增加了用电负荷的时候。曾有书上介绍 TA 最大工作电流可达其一次额定电流值的 180%，这与 DL/T 448—2000 规程规定不符。TA 长时间过负荷运行也会增大误差，并且铁芯和二次线圈会过热使绝缘老化。所以，工作人员应经常测试实际负荷，及时调整 TA 变比。

（2）三相电能表电能表的合理选用。

1）新规程规定，对于 Ⅳ～Ⅴ 类计量装置应选用准确级次 2.0 级的有功电能表。无功电能表用于 Ⅳ 类计量装置时配 3.0 级，而对于第 Ⅴ 类计量装置没有作规定。

2）许多资料（也包括老的电能计量规范）介绍或规定，电能表应工作在 50%～100% 标定电流范围内，误差才小。当它工作在 30% 轻载负荷以下，误差变化很大。特别是工作在标定电流 10% 以下时，因电能表的补偿装置调整限制，不能保证其准确度，超出允许范围的负误差更大。所以，新颁规程提出"为提高低负荷计量的准确性，应选用过载 4 倍及以上的电能表"。目前，D86 系列表属此类型，其计量负荷范围宽，正在广泛推广使用。

3）在低压供电线路中，老的规程规定负荷电流为 80A 及以下时，宜采用直接接入式电能表。新规程作了修正，降为负荷电流为 50A 及以下宜采用直接接入式电能表，而且标明选配方法："电能表的标定电流为正常运行负荷电流的 30% 左右。"例如，正常运行负荷电流为 30A，按 30% 选择它的标定电流就是 9A，规范 D86 系列表就是选用 10（40）A 规格表。这样，既保证了在轻负荷运行时不小于 30% 标定电流，也满足了满负荷运行时不超过它的最大电流。

（3）TA 与电能表的最优使用。

1）新规程规定"经电流互感器接入的电能表，其标定电流宜不超过电流互感器额定二次电流的 30%，其额定最大电流应为电流互感器额定二次电流的 120% 左右"。老规程没有这样明确规定，所以，用 DT8-25（50）电能表与 TA 联用是不妥的。TA 二次电流已标准化为 5A，那么它的 30% 就是 1.5A，其额定最大电流值就是 6A，D86 系列三相（单相）1.5（6）A 型式的电能表就是专为配用 TA 设计的。它的启动电流只有 7.5mA，使 10% 的实际负载计量准确度比老式 5A 电能表提高了 3.3 倍，从而躲过了轻载误差，相应提高了经济效益。

2）接入非中性点绝缘系统的电能计量装置，可采用"3 只感应式无止逆单相电能表"，这也是新规程增加的内容。但还需注意：①与 TA 联用只能采用 1.5（6）A 或 3（6）A 两种规格的单相电能表，而且不能简单接用，必须经电能表检试人员把内部接线改成电压、电流分开进线形式（如说明书上接线图），接线才正确，不经分开而直接接用属不正确接线，它会影响 TA 变比产生误差；②由于负荷性质变化，功率因数不同，计量三相四线负荷时会出现一表反转，注意在计算总电量时不可将三表的"代数和"错算成三表的"算术和"，给一方造成经济损失。

3）为了保证综合误差在允许范围内，TA 的二次侧装接负载不能超过额定负载，否则也会增大误差。所以，要求 TA 的二次连线电阻、接触电阻及接用仪表内阻之和不应超过二次额定负载。规程要求采用 4mm² 及以上的单芯铜质绝缘线。但是，现在的低压计量装置普遍装于计量箱内，TA 二次侧仅接用电能表，二次连线也很短，使用的铜质导线电阻率又很小（不能再用铝线了），关键是要把接触电阻限制在 $0.1\Omega$ 以下。TA 二次端子螺丝小且短，线粗难以压紧，用 $2.5mm^2$ 单股铜线比较软，避免了粗线不易弯曲压不紧的毛病，可保证接触电阻在 $0.1\Omega$ 以下。

4）为了减少误差，TA 与电能表之间连线方式新规程中有更严格的规定。在计量装置中，若采用 2 只 TA 则二次绕组与电能表之间用四线连接，若采用 3 只 TA 则二次绕组与电能表之间用六线连接，不得再采用简化的三线或四线连接。

**3．三相电能表与互感器接线的专用接线盒**

计量接线盒在电力行业应用十分广泛，利用它能够将仪表或仪器接入运行中二次回路中，完成多种不同项目测试或校验。电能计量方面，试验接线盒主要应用于计量装置误差及接线状况测量，进行用电检查、带负荷更换电能表、带负荷校验电能表等。在实际应用中，存在着试验接线盒没有按要求与计量装置配套使用，安装部位不合理，二次回路接线不规范以及使用不当等问题，致使试验接线盒没有发挥出应有作用，影响了电能准确计量。计量接线盒正确应用应当引起重视。

（1）计量接线盒适用范围。计量接线盒适用于用电负荷较大，需要对计量装置进行定期现场校验和定期轮换（更换）检定电能表来保证其准确运行计费用户。《电能计量装置技术管理规程》（DL/T 448—2000）要求：分五类管理计量装置中四类（包括新装、改装或重接二次回路），接电后一个月之内进行一次现场校验；其中三类规定了现场校验周期；电能表轮换周期也作了明确规定。四类计量装置二次回路中必须配套安装试验接线盒，为计量装置现场校验、用电检查及更换电能表提供必要条件。

（2）计量接线盒安装与接线。

1）计量接线盒安装。有关规定要求，试验接线盒应安装在电能计量柜（包括计量盘、电能表屏）内部，安装尺寸没有具体规定，一般安装在电能表位置正下方，与电能表底部距离为 $100\sim200mm$，以方便电能表及试验接线盒二次接线和不影响现场检测或用电检查时安全操作为原则。因试验接线盒依附电能表安装位置，电能表安装尺寸一旦明确，试验接线盒安装位置也就随之确定。对电能表安装尺寸要求如下：电能表宜安装 $0.8\sim1.8m$ 高度（表水平线距面尺寸）；电能表与柜（盘、屏）边最小距离应大于 $40mm$；电能表中心线向各方向倾斜不大于 $1°$。

2）计量接线盒接线。计量接线盒接线是将电压互感器、电流互感器引出二次线路经试验接线盒接线端子串、并联后，再接到电能表接线端子。电压线路经试验接线盒电压接线端子直接并接到电能表，电流线路经试验接线盒两路电流接线端子及连接片串接到电能表，用来满足串接或短接二次电流需要。三相三线试验接线盒与三相四线试验盒接线方式相同，三相四线比三相三线增加了一组电流接线端子。

计量装置正常运行时接线（如低压三相四线），三相电源电压并接试验接线盒电压接线端子进线端（下端），出线端（上端）与电能表并接。三相电流接线端子右侧由连接片短接（两只连接片增加短接可靠性），每相电流互感器出线端（S1）串接电能表电流线圈，再经连接片连接回到末端（S2），构成闭合回路。

现场检测计量装置时接线（如高压三相三线），电能表现场校验仪的电压线与试验接线盒出线端并联，电能表现场校验仪的电流线路串联接入试验接线盒两路电流接线端子，将连接片拆开后，两相电流互感器二次电流分别从首端（S1）先经过有功和无功电能表的电流线圈，再经电能表现场校验仪电流回路回到末端（S2）。

3）计量接线盒应用试验项目。

a. 现场校验电能表。现场校验计量装置误差及测试计量装置接线状况时，利用试验接线盒将电能表现场校验仪接入二次回路中，这样运行中电能表（有功、无功）所承受电压、电流、功率因数等参数与校验仪器完全相同。对校验仪器操作，将电能表运行状况与电能表现场校验仪中的标准电能表进行比较，其误差在电能表现场校验仪上自动显示出来；反映计量装置接线状态相量图形及各项参数也可在电能表现场校验仪上显示出来，可以判断出计量装置接线是否正确。

b. 用电检查。用电检查及管理人员，可以在用户正常用电情况下，利用试验接线盒现场检查并判断计量装置运行是否正常，此方法十分简单、快捷。

c. 检查三相三线计量装置。检查三相三线计量装置（包括高压和低压计量装置）时，可采用抽中相电压法。即松开试验接线盒中相（B相）电压接线端子中部螺钉，将连接片往下拨动，使中相电压断开。用秒表测电能表一定转数时间正好是中相电压没有断开前 2 倍，那么可以判断计量装置运行正常，否则不正常。电子式电能表可用秒表分别测量中相电压断开前后一定脉冲数时间，断开后应为断开前 2 倍，也可以检查电子式电能表液晶显示屏上显示功率数值，中相电压断开后其功率数值是没有断开前 1/2。

d. 检查三相四线计量装置。检查三相四线计时装置（包括高压和低压计量装置）时，可采用逐相抽电压法或短接电流法。

逐相抽电压法。即逐相送开试验接线盒电压接线端子中部螺钉，将连接片往下拨动，使电压线路逐相断开。当断开一相电压时，电能表被断开一组元件停转，还有两组元件运行，用秒表测电能表一定转数下时间大约是电压没有断开前 1.5 倍，那么可以判断计量装置运行正常，否则不正常。断开两相电压，此时电能表只剩一组元件运行，电能表一定转数下时间应是电压正常时 3 倍，这样可以进一步证明计量装置运行是否正常，电子式电能表，可将其脉冲数替代盘转数，其测试判断方法与普通电能表相同，也可断开一相或两相电压时，检查其功率数值显示。

短接电流法。即将试验接线盒中来自电流互感器二次侧电流接线端子，用连接片短接，使二次电流此短路，电能表一组或两组元件因无电流而停止运行。可以短接三相电流中一相或两相，用秒表测试并判断计量装置运行是否正常，测试判断方法与逐相抽电压法相同。

4）更换电能表。电能表发生故障或周期轮换检定时，可以利用试验接线盒带负荷状况下进行更换。更换时先将试验接线盒三相电压接线端子连接片拨开，使电能表接线端无电压，再将电流接线端子上面连接片从右侧移到左侧，短接电流互感器二次侧接线，使二次电流回路可靠短路，这样即可进行更换，电能表更换完毕，应随即对更换电能表的计量装置进行检查或校验，以保证其正常运行，最后将试验接线盒接线恢复到运行状态。

5）试验接线盒使用中注意事项。试验接线盒在安装完毕投入运行前，要进行二次线路核对，同时检查接线螺钉、连接片是否紧固可靠，不要因其松动或位移造成端子发热或短路从而影响电能计量。

现场校验、检查计量装置或更换电能表时，试验接线盒中需要断开、短接端子必须准确无误。因带电操作，要仔细小心，注意安全。

试验接线盒外接仪表仪器时，注意接线正确，分清电压相序，防止短路，理顺电流回路进出线，不开路。

更换电能表时，要准确记录更换时间（从断开电压端子接线或短接电流回路开始，到更换后电能表恢复正常运行止），依此计算并补收因电能表停止运行所影响电量。

采用现场检查方法判断计量装置运行是否正常，应使用电能表现场校验仪（因仪器准确度高一些）再次对该计量装置进行校验，以确认检查结果。

现场检查或校验中发现计量装置运行异常时，应会同用户一起确认事实，共同分析原因，查出故障点，依据《供电营业规则》相关规定进行电量退补，同时做好防范类似故障的措施。对因窃电造成计量装置运行异常的行为，应启动窃电处理程序。

计量接线盒使用完毕，核查其接线是否恢复到正常运行状态，要对试验接线盒盖板加封，并清理工作现场。

计量接线盒，其下端接线由电压、电流互感器二次侧接入，上端接线至电能表侧，其中计量接线盒的电压连接片（可移动）向上为电能表接通电压；如图2.15计量接线盒所示。1b、4b、7b、10b为电压连接端子，安装接线时或者带电换表时，应将其断开。接线完毕运行时，应将其接通。2b、3b、5b、6b、8b、9b为电流连接端子，安装接线时或者带电换表时，应将2b、3b、5b、6b、8b、9b全部短接接通。接线完毕运行时，应将2b、3b、5b接通，接线完毕运行时，应将6b、8b、9b断开。

6）计量接线盒示意图。计量接线盒示意图如图2.15所示。

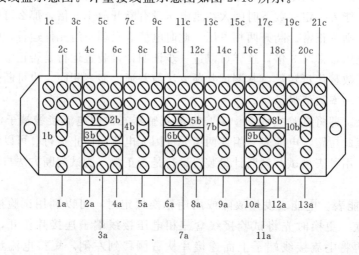

图2.15　计量接线盒示意图

注：1b、4b、7b、10b为电压端子，运行时接通；2b、3b、5b、6b、8b、9b为电流连接端子。
　　运行时2b、5b、8b接通，3b、6b、9b断开，其余端子的连接方法参见图2.15。

（3）电流互感器接线时注意事项。使用电流互感器应注意以下几点：

1）电流互感器在运行时，二次侧绝对不允许开路。

2）铁芯及二次绕组的一端应可靠接地。

3）电流互感器的一、二次极性和相序必须正确。

4）电流互感器二次回路中的总阻抗不得超过其额定值。

5）如在运行中发现电流互感器二次开路或需换表时，应尽量停电处理；如不能停电，应尽量减少一次负荷，在有人监护、使用绝缘工具、保持安全距离的前提下，先将二次短路，再排故或换表，然后再拆除短路线。

### 2.4.2　低压三相电能表与互感器安装接线

1. 安装接线要求

（1）电能表应牢固垂直安装，高度应以底部对地面的垂直距离在 1.8～2.0m，表中心线向各方向倾斜度不大于 1°。

（2）直接接入式电能表的导线截面应根据额定的正常负荷电流按表 2.5 选择，所选导线截面必须小于端钮盒接线孔。

（3）进行电能计量装置接线前，必须首先认清电能表接线端子的排列情况，核对互感器的极性与相位，并核算电流、电压二回路总负荷不超过额定值。

（4）接线时，首先分相连接所有电能表的电流回路，接好后，断开回路中的一点，将万用表串入测量直流电阻，以防电流互感器二次回路错接至电压回路而造成开路。在电流回路完全接好后，可分相或分电能表接入电压线。接好后应用万用表测试，以防接错短路。35kV 及以下电压互感器二次回路不应装熔丝，但应装一个可断开的连接点（如电能表联合接线盒）。

（5）接线完毕后，除应在加封位置加封外，并应在互感器柜及二次回路有可能断开处加封，并核对一次倍率和进行一次接线核对。

（6）电能计量装置的安装场所应符合下列基本条件：

1）应安装在干燥、清洁，附近无强磁场存在，不易受振动，且便于读表、监视和拆装的地方。

2）无腐蚀性气体、易蒸发液体侵蚀的地方。

3）对于 A 组及 A1 组电能表，装设点的气温应保持在 0～40℃，对于 B 组及 B1 组电能表，气温应保持在 −10～50℃。

4）电能表应牢固垂直安装，不得前后左右倾斜，高度应以底部对地面的垂直距离在 1.8～2.0m，表中心线向各方向倾斜度不大于 1°，电能计量柜（箱）壳体倾斜不得超过 3°。

5）安装在计量柜（箱）内的电能表的辅助开关、保险盒等设备应垂直安装，上端接电源侧，下端接负荷侧。

6）相序排列要相应一致。母线相序排列见表 2.4，一般将红颜色 W（L3）相排在人体最易接近的一侧，以引起人员的警觉。

7）电能表每相电流元件应和电流互感器对应相的二次绕组单独接成闭合回路，并确保相序、极性正确。

8）电能表每相电压元件应直接接到每相电源上，并确保相序、极性正确。

9）为了人身安全，互感器二次侧要有一点接地，金属外壳也要接地，如互感器装在金属支架或板上，可将金属支架或板接地。低压计量二次电流互感器不需接地。

**表 2.4** **母 线 相 序 排 列 表**

| 母线的相序排列（面向配电盘） | | | |
|---|---|---|---|
| 相别 | 垂直排列 | 水平排列 | 前后排列 |
| U | 上 | 左 | 远 |
| V | 中 | 中 | 中 |
| W | 下 | 右 | 近 |
| N、PEN | 最下 | 最右 | 最近 |

10）在接线时，必须严格按照电能表端子接线盒内的接线图接线，并注意单相电能表必须将电流线圈接入相线；三相电能表必须按正相序接线，三相四线电能表必须接入零线。

11）进电能表导线与电能表接线端钮应为同种金属导体；进表导体裸露部分必须全部插入接线盒内，并将端子螺丝逐个拧紧，导线截面小而接线孔大时，应采取有效的补救措施。

12）带电压联片的电能表，安装时应检查其接触是否良好。

13）电能表零线必须与电源中性线直接连通，严禁采用接地、接金属屏外壳等方式代替。

2．安装接线的工艺要求

（1）计量元件和一次导线全部安装完毕后，可进行盘内接线工作。配线开始前，应仔细阅读安装接线图和原理图相对照，弄清细节后，才能按图接线。

（2）按三相电能表与互感器接线原理图要求应采用相对编号法编号，采用单股铜芯导线（电流回路用 BV-4mm² 线，其余连线用 BV-2.5mm² 线；电流回路分 A、B、C 相，分别用黄、绿、红色绝缘线区分，二次回路中，均不得装设熔断器及切换开关；电压回路分 a、b、c 相，分别用黄、绿、红三色绝缘线区分；N 为黑或蓝绝缘线；E 为黄绿相间绝缘线），在与电器连接时每根导线应留有适当余量。而且线根不能裸露，裸露导线不大于2mm。高压 TA、TV 引出现用的电缆（多用在高压计量接取电压、电流）有黄、绿、红、黄、黄黑、红、红黑七种颜色，其中四条是 4mm²，三条是 2.5mm² 的，具体使用方法见表 2.5。

**表 2.5** **安 装 接 线 工 艺 要 求**

| 线类 | 导线大小/<br>mm² | A 相 | | B 相 | | C 相 | |
|---|---|---|---|---|---|---|---|
| | | AS1 | AS2 | BS1 | BS2 | CS1 | CS2 |
| 电流线 | 4 | 黄 | 黄 | 绿 | 绿 | 红 | 红 |
| 电压线 | 2.5 | 黄 | | 绿 | | 红 | |
| 一次电压线 | 35 | 黄 | | 绿 | | 红 | |

（3）接线应按三相电能表与互感器接线原理图进行，准确无误。线路布线应横平竖直、整齐美观、清晰。导线绝缘良好，同一平面不允许交叉，且无损伤，连接应稳固可靠。

（4）导线中间不能有接头。当 TA 接入计量表时，应通过计量接线盒连接。计量接线盒与测量仪表连接在计量接线盒上侧引出，计量接线盒与 TA 连线则一般在下侧引出。电流互感器二次一端与外壳直接接地且应只有一处可靠接地（低压电流互感器二次可不必接地）。电流互感器二次回路每只接线螺钉只允许接入一根导线，禁止在电能表计量接线盒孔内同时连接两根导线。

（5）配线走向力求简捷明显，同一排走线应汇集到同一水平线束，然后转变为垂直线束，再与下一个电器连接线汇总。当总线束走至计量接线盒区域时，按上述相反次序分散到各端子上。线束应用尼龙扎带扎紧，而且每根导线不得交叉，绑扎间隔距离不大于100mm，均匀、牢固。扎带头要剪平后藏到里侧（柜体内）。电能表的二次回路电流、电压连接线要用硬塑料管（具有阻燃、绝缘的 PVC 管，管经为根据实际大小而定）穿套引接（除柜体内）。

（6）线束固定应与弯曲配合进行，导线的弯曲半径一般为导线直径的 3 倍。弯曲时不允许使用尖嘴钳，而应采用手指或弯线钳，以免损坏导线绝缘和芯线。

（7）导线中间不能有接头，除 TA 接线端要弯羊角圈外，其他为螺钉压接，接螺钉的导线弯成环的方向应与螺钉旋入方向相同，螺钉与导线间、导线与导线间应加弹簧垫和加平垫圈。

（8）所配导线的端部均应标明与原理安装图一致的编号，其编号应正确。与安装接线图一致，字迹清楚不易脱色。导线标号放置方法为：横放从左到右读字，竖放从下到上读字。

（9）接线完毕应仔细校对标号与安装图标号是否相符。

（10）如配有专用接线盒的，接完先后应把接线盒里的电流回路打开，把电压回路连上。安装完成后应对专用计量接线盒、电能表表脚、电表箱、互感器箱进行加封。

（11）两只三相电能表相距的最小距离应大于 80mm，单相电能表相距的最小距离为30mm，电能表与电表箱侧边的最小距离应大于 40mm 室外表箱的安装高度一般为1.6～2.0m。

（12）计量接线盒连接片在施工前和施工后都应符合安全要求。

（13）低压计量装置一次接线按要求穿入电流互感器，变比要求按现场的要求绕入匝数。计量低压电压回路接一次导线时绕圈圈数在 6～8 圈。圈与圈之间要紧密。绕圈导线距离绝缘层不能超过 5mm。

3. 低压三相电能表与互感器安装接线图

低压三相电能表与互感器的安装接线根据电能表的类型，分别有如下几种类型：

（1）三相三线有功电度表与互感器的安装接线如图 2.16 所示。

（2）三相四线有功电度表与互感器的安装接线如图 2.17 所示。

（3）三个单相有功电能表与互感器的安装接线如图 2.18 所示。

（4）两个三相四线有功电能表与互感器的安装接线如图 2.19 所示。

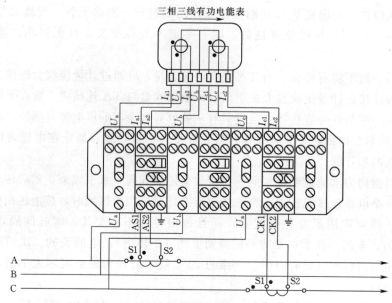

图 2.16　三相三线有功电能表与互感器的安装接线

注：1. 低压计量三相有功电能，经电流互感器接入分相接线方式接线图（新装用户采用）。

　　2. 负荷电流为 20A 以上时，应选用带互感器三相三线专用电能表［选用 3×1.5（6）A 电能表］。

　　3. 电能表表脚无电压连片，有独立电压接线端子。

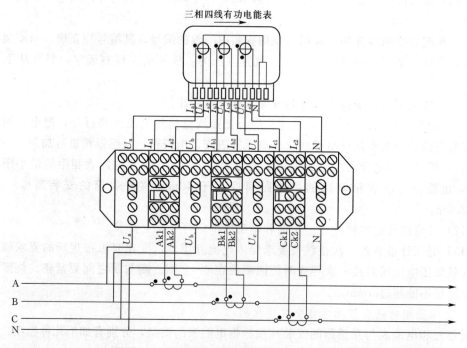

图 2.17　三相四线有功电能表与互感器的安装接线图

注：1. 低压计量三相有功电能，经电流互感器接入分相接线方式接线图（新装用户采用）。

　　2. 负荷电流为 30A 以上时，应选用带互感器三相四线专用电能表［选用 3×1.5（6）A 电能表］。

　　3. 电能表表脚无电压连片，有独立电压接线端子。

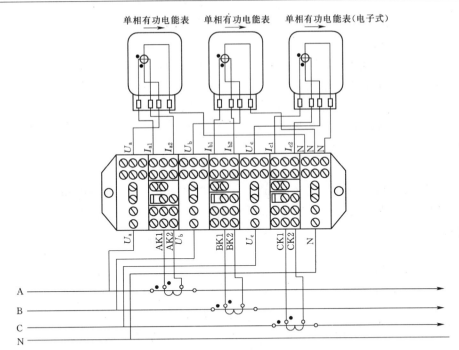

图 2.18　三个单相有功电能表与互感器的安装接线

注：1. 低压电压分相计量有功电能，经电流互感器接入式分相接线方式接线图。

2. 新装三相分相计量应采用带互感器专用电能表计量。

3. 电能表电压，电流分开接入。

4. 低压动力用户用［选 1.5（6）A 单相电能表］。

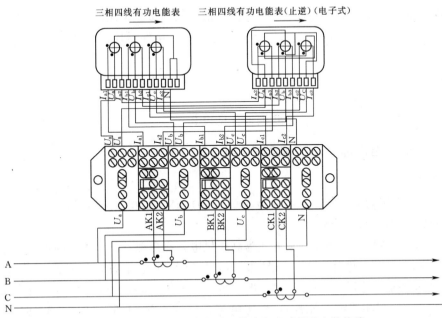

图 2.19　两个三相四线有功电能表与互感器的安装接线

注：1. 低压计量三相有功电能，经电流互感器接入分相接线方式接线图。

2. 针对 100kVA 及以上需考核力率的低压计量用户适用（单向计量）。

3. 此款电能表选用 3×1.5（6）A。

4. 适用电压×220/380V。

4. 低压三相电能表与互感器安装接线实训材料及工器具

| | |
|---|---|
| 低压电能计量箱 | 1个 |
| 三相四线有功电能表（DT型） | 1块 |
| 三相四线无功电能表（DX型） | 1块 |
| 电流互感器（LMZ-0.5，300/5A、5VA、1匝、0.5级） | 3只 |
| PJ6/PJ1型电能计量联合接线盒 | 1只 |
| 电工工具 | 1套 |
| 万用表 | 1只 |
| 黄、绿、红、蓝（黑）导线（4mm²） | 各15m |
| 黄、绿、红、蓝（黑）导线（2.5mm²） | 各10m |
| 塑料线扎 | 1包 |
| 电源接线盒 | 1只 |
| 异型管（标号管） | 1m |

5. 低压三相电能表与互感器安装接线安装操作步骤

（1）正确选用低压三相四线有功、无功电能表及电流互感器。

（2）画出三相四线有功、无功电能表及电流互感器的联合安装接线图。

（3）按低压三相电能表接线图进行熟练地挂表、固定电流互感器，并进行元器件的安装和电路的连接。

（4）元器件在配电盘上布置要合理，安装要准确、紧固。导线选用应正确，且连接合理。

（5）接线时，首先分相连接所有电能表的电流回路，接好后，断开回路中的一点，将万用表串入测量直流电阻，以防电流互感器二次回路错接至电压回路而开路。

（6）电流回路完全接好后，可分相接入电压线。接好后应用万用表测试，以防接错短路。

（7）线束采用塑料线扎固定，要求间距合理，配线工艺符合规范。

6. 低压三相电能表与互感器安装实训评分表

低压三相电能表与互感器安装实训评分见表2.6。

## 2.4.3 高压三相电能表与互感器安装接线

1. 任务背景

我国目前高压输电的电压等级分为500（330）kV、220kV和110kV。配置给大用户的电压等级为110kV、35kV和10kV。

供电部门对各种用户高压计量方式为高压供电，高压侧计量（简称高供高计）在我国城乡普遍使用的国家电压标准10kV及以上的高压供电系统，须经高压电压互感器（TV）、高压电流互感器（TA）计时。电能表额定电压：$3\times100$V（三相三线三元件）或$3\times100/57.7$V（三相四线三元件），额定电流：1（2）A、1.5（6）A、3（6）A。计算用电量须乘高压TV、TA倍率。10kV/630kVA受电变压器及以上的大用户为高供高计。

对于供电部门而言，如何选用电流、电压互感器，确保该电表的计量的准确性、安全性和可靠性，高压三相电能表与互感器如何正确接线？

**表 2.6**　　　　　　　　　　**低压三相电能表与互感器安装实训评分表**

班级：_____学生姓名：_____学号：_____

实训考件编号：_____总分：_____

| 项　目 | 技　术　标　准 | 标准分 |
|---|---|---|
| 安装<br>接线<br>（40分） | （1）电压回路应使用不小于 2.5mm² 铜质单芯绝缘线。 | 5 分 |
| | （2）电流回路应使用不小于 4mm² 铜质单芯绝缘线。 | 5 分 |
| | （3）A、B、C 各相应分别采用黄、绿、红线，接地线用黄/绿双色线。 | 10 分 |
| | （4）各回路导线均应加装与图纸相符端子编号。 | 2 分 |
| | （5）导线编号排列应按统一方向。 | 2 分 |
| | （6）电流互感器二次回路均应只有一处可靠接地（不配有电流互感器的不需要接地）。 | 4 分 |
| | （7）电流互感器二次 S2 端与外壳直接接地（不配有电流互感器的不需要接地）。 | 2 分 |
| | （8）电流回路极性接线正确。 | 5 分 |
| | （9）电压回路极性接线正确。 | 5 分 |
| 安装<br>工艺<br>要求<br>（40分） | （10）电流、电流回路每个端子接线孔螺钉压接只允许接入一根导线。 | 5 分 |
| | （11）导线外部应无损伤痕迹。 | 2 分 |
| | （12）接线孔处裸露导线不大于 2mm。 | 2 分 |
| | （13）端子接线孔螺钉压接不允许压导线绝缘层。 | 5 分 |
| | （14）布线合理、美观。 | 2 分 |
| | （15）要求横平、竖直。 | 3 分 |
| | （16）转弯要做成自然弧度直角（线径的 3 倍）。 | 2 分 |
| | （17）有层次感，要求分出 A、B、C 相层次。 | 2 分 |
| | （18）接线端应留有一定的余量。 | 3 分 |
| | （19）绑扎间隔距离不大于 100mm，均匀、牢固。 | 2 分 |
| | （20）扎带头要剪平后藏到里侧。 | 2 分 |
| | （21）试验接线盒连片安装前安装后正确、紧固，绕入电流互感器圈数与变比正确。 | 10 分 |
| 安全<br>文明<br>生产<br>（20分） | （22）正确穿戴好个人劳动保护用品。 | 3 分 |
| | （23）工器具使用要得当，操作过程安全。 | 10 分 |
| | （24）现场清理：材料、工器具全部回收且摆放整齐。 | 5 分 |
| | （25）到指导老师处报告"操作完毕"。 | 2 分 |
| 时间<br>规定 | （26）限时 50min，每提前 1min 加 1 分，最高加 5 分。 | |
| | （27）超时结束。 | －20 分 |

用时：　　　　　实训日期：

**任务导出：高压三相电能表与互感器的安装接线**

2. 任务知识准备

高压电能计量装置主要由电能表、计量用电压互感器、电流互感器及二次回路等部分组成，电流互感器是电能计量装置的重要组成部分，现介绍计量电流互感器的选择原则和使用注意事项。

（1）电流互感器选择的原则。

1）额定电压的确定。电流互感器的额定电压 $U_N$ 应与被测线路的电压 $U_L$ 相适应，即 $U_N \geqslant U_L$。

2）额定变比的确定。通常根据电流互感器所接一次负荷来确定额定一次电流 $I_1$，即：

$$I_1 = P_1 / U_N \cos \Psi$$

式中　$U_N$——电流互感器的额定电压，kV；

　　　　$P_1$——电流互感器所接的一次电力负荷，kVA；

　　　$\cos \Psi$——平均功率因数，一般按 $\cos \Psi = 0.8$ 计算。

为保证计量的准确度，选择时应保证正常运行时的一次电流为其额定值的 60% 左右，至少不得低于 30%。电流互感器的额定变比则由额定一次电流与额定二次电流的比值决定。

3）额定二次负荷的确定。互感器若接入的二次负荷超过额定二次负荷时，其准确度等级将下降。为保证计量的准确性，一般要求电流互感器的二次负荷 S2 必须在额定二次负荷 S2N 的 25%～100% 范围内，即 0.25S2N≤S2≤S2N。

4）额定功率因数的确定。计量用电流互感器额定二次负荷的功率因数应为0.8～1.0。

5）准确度等级的确定。根据《电能计量装置技术管理规程》（DL/T 448—2000）规定，运行中的电能计量装置按其所计量电能量的多少和计量对象的重要程度，分为Ⅰ、Ⅱ、Ⅲ、Ⅳ、Ⅴ五类，不同类别的电能计量装置对电流互感器准确度等级的要求也不同。

6）互感器的接线方式。计量用电流互感器接线方式的选择，与电网中性点的接地方式有关，当为非有效接地系统时，应采用两相电流互感器，当为有效接地系统时，应采用三相电流互感器，一般地，作为计费用的电能计量装置的电流互感器应接成分相接线（即采用二相四线或三相六线的接线方式），作为非计费用的电能计量装置的电流互感器可采用二相三线或三相线的接线方式。

7）互感器二次回路导线的确定。由于电流互感器二次回路导线的阻抗是二次负荷阻抗的一部分，直接影响着电流互感器的误差，因而当二次回路连接导线的长度一定时，其截面积需要进行计算确定。

一般计量用互感器要求一次电流要经常运行在 20%～100%，这样它的二次电流一般不会超过5A，请教各位老师如果测得它的二次电流为 6A 的话，那它的计量还准吗？如果不准的话是多计量了还是少计量了呢？计量用电流互感器一般要求准确级在 0.2S 级以上。电流互感器检测的标准为五个点：1%、5%、20%、100%、120%。所以，可以肯定地说，6A 的点是准确的。计量用电流互感器一般要求准确级在 0.2S 级以上。应该是445kVA 吧？也就是 kVA，代表主变容量，TV 就是电压互感器，10kV/100V 就是指互感器的一次侧即高压侧额定电压为 10kV，二次侧即低压侧（接入仪表侧）额定电压为100V，100V 是通用的标准电压。TA 是电流互感器，30/5A 是指一次侧额定电流 30A 时二次侧电流是 5A，5A 是通用的标准电流。电力部门装表时都要经过基本计算，主变容量（445kVA）等于根号 3 倍的高压侧额定电压（10kV）和额定电流的乘积。反算过来，电流约 25.7A。所以选 30A 是正确合适的。

（2）使用电流互感器时应注意以下几点：

1）用电流互感器在运行时，二次侧绝对不允许短路。

2）铁芯及二次绕组的一端必须可靠接地，以防高压绕组绝缘损坏时，铁芯及二次绕组带上高压而造成事故。

3）电流互感器的一、二次极性和相序必须正确。

4）对于具有两个及以上的铁芯共用一个一次绕组的电流互感器来说，要将电能表接于准确度较高的二次绕组上，并且不应再接入非电能计量的其他装置，以防相互影响。

3. 高压计量专用接线盒

高压计量接线盒，其下端接线由电压、电流互感器二次侧接入，上端接线至电能表侧，其中计量接线盒的电压连接片（可移动）向上为电能表接通电压；高压计量接线盒如图 2.20 所示。

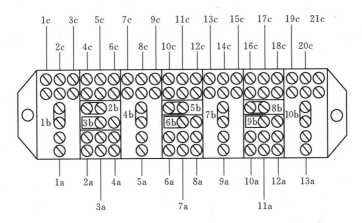

图 2.20　高压计量接线盒

注：1b、4b、7b、10b 为电压端子，运行时接通；2b、3b、5b、6b、8b、9b 为电流连接端子。
运行时 2b、5b、8b 接通，3b、6b、9b 断开，其余端子的连接方法参见图 2.20。

1b、4b、7b、10b 为电压连接端子，安装接线时或者带电换表时，应将其断开。接线完毕运行时，应将其接通。2b、3b、5b、6b、8b、9b 为电流连接端子，安装接线时或者带电换表时，应将 2b、3b、5b、6b、8b、9b 全部短接接通。接线完毕运行时，应将 2b、3b、5b 接通，接线完毕运行时，应将 6b、8b、9b 断开。

4. 高压三相电能表与互感器安装接线的安装要求

高压电力计量箱（组合互感器）适用于环境气温 -25～40℃、湿度不大于 90%、无腐蚀、无易燃与爆炸性气体的场所。

（1）安装前必须做如下检查：

1）高压瓷瓶完好无裂纹。

2）各部螺丝是否紧固，二次接线是否牢固。

3）绝缘电阻测定：①一次对二次及地：不小于 1000MΩ；②二次对地：不小于 500MΩ。

4）工频耐压实验：①一次对二次及地：10kV 计量箱 38kV/min，6kV 计量箱 28kV/min；②二次对地：2kV/min。

（2）高压计量箱安装前应试验合格，配置相应电压等级的氧化锌避雷器或阀式避雷器，其接地电阻不大于 4Ω。

（3）接线应辨明电网电源的相序 A、B、C 与高压电力计量箱一次导电端子的相序 A、B、C 各相分别对应连接（必须是正相序）。

（4）高压电力计量箱应水平安装，电能表位置应垂直，不得任意倾斜，箱体外壳和互感器二次绕组应可靠接地。

（5）高压电力计量箱装好后，应带负荷进行试验观察，看有功、无功电能表转动是否正常或调试遥测抄表各项功能是否正常，经过全面检查试验合格后，方可正式投入运行。

（6）对运行中的高压电力计量箱，根据有关规程必须定期检查和预防性试验，每年一次，若发现有抄表不正常现象或其他缺陷，应作处理后再继续运行。

（7）高压电力计量箱保存期间注意防潮。

5. 高压三相电能表与互感器安装接线的工艺要求

计量元件和母线全部安装完毕后，可进行盘内配线工作。配线开始前，应仔细阅读安装接线图和原理图相对照，弄清细节后，才能按图配线。

（1）按原理图要求应采用相对编号法编号，采用单股铜芯导线（电流回路用 BV-4mm² 线，其余连线用 BV-2.5mm² 线；电流回路分 A、B、C 相，分别用黄、绿、红色绝缘线区分，二次回路中，均不得装设熔断器及切换开关；电压回路分 a、b、c 相，分别用黄、绿、红三色绝缘线区分；N 为黑或蓝绝缘线；E 为黄绿相间绝缘线），在与电器连接时每根导线应留有适当余量。而且线根不能裸露。高压 TA、TV 引出现用的七芯电缆（多用在高压计量接取电压、电流）有黄、绿、红、黄、黄黑、红、红黑七种颜色，其中四条是 4mm²，三条是 2.5mm² 的，具体使用方法见表 2.7。

表 2.7　　　　　　高压 TA、TV 引出的七芯电缆的使用方法

| 线类 | 导线面积/mm² | A 相 | | B 相 | | C 相 | |
|---|---|---|---|---|---|---|---|
| | | AK1 | AK2 | BK1 | BK2 | CK1 | CK2 |
| 电流回路 | 4 | 黄色 | 黄黑色 | 绿色 | 绿色 | 红色 | 红黑色 |
| 电压回路 | 2.5 | 黄色 | | 绿色 | | 红色 | |

（2）接线应按高压三相电能表计量接线图进行，准确无误。线路布线应横平竖直、整齐美观、清晰。导线绝缘良好，同一平面不允许交叉，且无损伤，连接应稳固可靠。

（3）导线中间不能有接头。当 TA、TV 接入计量表时，应通过端子连接。端子排与测量仪表连接在端子排上侧引出，端子排与 TA、TV 连线则一般在下侧引出。电流互感器二次一端与外壳直接接地且应只有一处可靠接地（低压电流互感器二次可不必接地）。电压互感器二次回路均应只有一处可靠接地。电流互感器二次回路每只接线螺钉只允许接入一根导线，禁止在电能表端钮盒端子孔内同时连接两根导线。

（4）配线走向力求简捷明显，同一排走线应汇集到同一水平线束，然后转变为垂直线束，再与下一个电器连接线汇总。当总线束走至端子排区域时，又按上述相反次序分散到各端子上。线束应用尼龙扎带扎紧，而且每根导线不得交叉，绑扎间隔距离不大于100mm，均匀、牢固。扎带头要剪平后藏到里侧（柜体内）。电能表的二次回路电流、电

压连接线要用硬塑料管（具有阻燃、绝缘的 PVC 管，管经为根据实际大小而定）穿套引接（除柜体内）。

（5）线束固定应与弯曲配合进行，导线的弯曲半径一般为导线直径的 3 倍。弯曲时不允许使用尖嘴钳，而应采用手指或弯线钳，以免损坏导线绝缘和芯线。

（6）导线中间不能有接头，除 TV、TA 接线端要弯羊角圈外，其他为螺钉压接，接螺钉的导线弯成环的方向应与螺钉旋入方向相同，螺钉与导线间、导线与导线间应加弹簧垫和加平垫圈。

（7）所配导线的端部均应标明与高压三相电能表计量接线图一致的编号，其编号应正确。与安装接线图一致，字迹清楚不易脱色。导线标号放置方法为：横放从左到右读字，竖放从下到上读字。

（8）接线完毕应仔细校对标号与安装图标号是否相符。

（9）如配有专用接线盒的，接完线后应把接线盒里的电流回路打开，把电压回路连上。安装完成后应对变压器低压侧柱头、互感器二次端子、专用二次接线盒、电能表表脚、电表箱、互感器箱进行加封。

（10）两只三相电能表相距的最小距离应大于 80mm，单相电能表相距的最小距离为30mm，电能表与电表箱侧边的最小距离应大于 40mm 室外表箱的安装高度一般为1.6～2.0m。

6. 高压三相电能表与互感器接线图

（1）3～10kV 计量受进、送出电能的电流分相接线如图 2.21 所示。

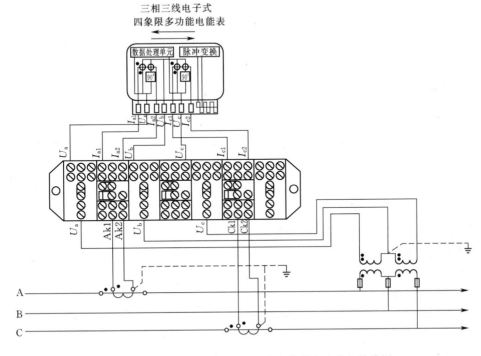

图 2.21　3～10kV 计量受进、送出电能的电流分相接线图

注：1. 3～10kV 计量受进、送出电能，电流分相接线方式接线图。

2. 适用变压器容量为 160kVA 以上的用户和并网小水电站用户［选用 3×1.5(6)A 表］。

（2）3～10kV 计量有功及感性无功电能的电流分相接线如图 2.22 所示。

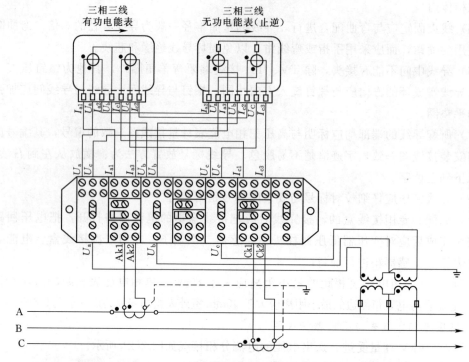

图 2.22　3～10kV 计量有功及感性无功电能的电流分相接线图

注：1. 3～10kV 计量有功及感性无功电能，电流分相接线方式接线图。

　　2. 适用变电压器容量为 160kVA 以下用户［选用 3×1.5（6）A 表］。

　　3. 无功表为机械式时用单向止逆无功表。

（3）110kV 及以上计量有功及感性无功电能接线如图 2.23 所示。

7. 高压三相电能表与互感器接线安装接线实训材料及工器具

| 高压电能计量箱 | 1 个 |
| --- | --- |
| 三相三线有功电能表（DT） | 1 块 |
| 三相三线无功电能表（DX） | 1 块 |
| 高压电流互感器 | 3 只 |
| 高压电压互感器 | 3 只 |
| PJ6/PJ1 型电能计量联合接线盒 | 1 只 |
| 电工工具（自备）自备 | 1 套 |
| 万用表 | 1 只 |
| 黄、绿、红、蓝（黑）导线（4mm²） | 各 15m |
| 黄、绿、红、蓝（黑）导线（2.5mm²） | 各 10m |
| 塑料线扎 | 1 包 |
| 异型管（标号管） | 1m |

8. 高压三相电能表与互感器接线实训评分表

高压三相电能表与互感器接线实训评分见表 2.8。

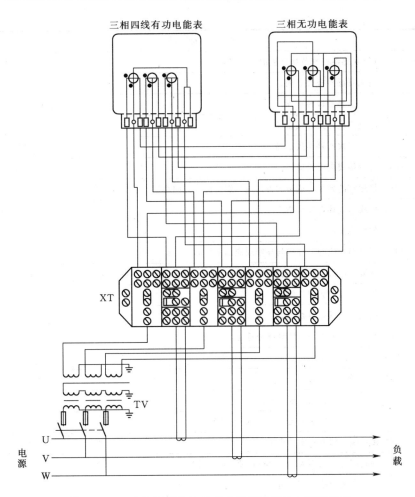

图 2.23　110kV 及以上计量有功及感性无功电能接线图

注：110kV 及以上中性点有效接地系统。

**表 2.8**　　　　　　　**高压三相电能表与互感器接线实训评分表**

班级：_____学生姓名：_____学号：_____

实训考件编号：_____总分：_____

| 项　目 | 技　术　标　准 | 标准分 |
|---|---|---|
| 安装接线<br>（40分） | （1）电压回路应使用不小于 2.5mm² 铜质单芯绝缘线。 | 2分 |
| | （2）电流回路应使用不小于 4mm² 铜质单芯绝缘线。 | 2分 |
| | （3）A、B、C 各相应分别采用黄、绿、红线，接地线用黄/绿双色线。 | 3分 |
| | （4）各回路导线均应加装与图纸相符端子编号。 | 2分 |
| | （5）导线编号排列应按统一方向。标号管与图纸一致。 | 5分 |
| | （6）电流互感器二次回路均应只有一处可靠接地。 | 2分 |
| | （7）电压互感器二次回路均应只有一处可靠接地。 | 2分 |
| | （8）电流互感器二次 1S2 端与外壳直接接地。 | 2分 |

续表

| 项　目 | 技　术　标　准 | 标准分 |
|---|---|---|
| 安装接线<br>（40分） | （9）电压互感器在规范地点接地。 | 2分 |
| | （10）电流互感器极性正确。 | 5分 |
| | （11）电压互感器极性正确。 | 5分 |
| | （12）电流二次回路连接正确。 | 4分 |
| | （13）电压二次回路连接正确。 | 4分 |
| 安装工艺<br>要求<br>（40分） | （14）端子接线应无松动。 | 1分 |
| | （15）接螺钉的导线弯成环的方向应与螺钉旋入方向相同。 | 2分 |
| | （16）导线弯成环，要合格。 | 2分 |
| | （17）加弹簧垫。 | 2分 |
| | （18）螺钉与导线间、导线与导线间应加平垫圈。 | 2分 |
| | （19）电流、电流互感器二次回路每只接线螺钉只允许接入一根导线。 | 2分 |
| | （20）导线外部应无损伤痕迹。 | 3分 |
| | （21）接线孔处裸露导线不大于 2mm。 | 2分 |
| | （22）螺母、垫圈不允许压导线绝缘层。 | 2分 |
| | （23）布线合理、美观。 | 2分 |
| | （24）要求横平、竖直。 | 2分 |
| | （25）转弯要做成自然弧度直角。 | 1分 |
| | （26）有层次感，要求分出 A、B、C 相层次。 | 1分 |
| | （27）接线端应留有一定的余量。 | 2分 |
| | （28）绑扎间隔距离不大于 100mm，均匀、牢固。 | 2分 |
| | （29）扎带头要剪平后藏到里侧。 | 2分 |
| | （30）试验接线盒连片正确、紧固。 | 10分 |
| 安全文明<br>生产<br>（20分） | （31）正确穿戴好个人劳动保护用品，工器具使用要得当。 | 8分 |
| | （32）操作过程安全。 | 5分 |
| | （33）现场清理：材料、工器具全部回收干净且摆放整齐。 | 5分 |
| | （34）到指导老师处报告"操作完毕"。 | 2分 |
| 时间规定 | （35）限时 50min，每提前 1min 加 1 分，最高加 5 分。 | |
| | （36）超时结束实训。 | —20分 |

用时：　　　　实训日期：

# 思 考 及 练 习 题

2.1　绘出单相电能表按标准接线图并说出单相电能表的电流规格的选择方法。

2.2　说明用三只单相电能表代替三相四线电能表的好处。

2.3　各类电能计量装置的电能表、互感器是如何选择的？

2.4　画出两种直入式三相有功电度表如何正确接线以及安装的详细步骤。

2.5　试画出两元件 60°型无功电能表的原理接线图及其向量图。

2.6　什么是联合接线？联合接线应遵守哪些基本规则？

2.7　试验接线盒有几种工作状态？请简述在每种工作状态的工作原理。试验接线盒在转表接线时应注意什么事项？

2.8　请画出低压计量有功及无功电能、电流分相接线方式原理图。

2.9　请画出低压三相三线有功电能表与无功电能表经电流互感器与电压互感器接入的联合接线图，写出安装的详细步骤。

2.10　请画出高压三相三线有功电能表与无功电能表经电流互感器与电压互感器接入的联合接线图，接线工艺上有何要求？

# 项目3 计量装置验收

**学习目标**

1. 能够掌握单相电能表的校验和操作技能；
2. 能够掌握三相有功电能表的校验和操作技能；
3. 能够掌握三相无功电能表的校验和操作技能；
4. 能够掌握特殊电能表的校验和操作技能；
5. 能够掌握现场电能表的校验和操作技能；
6. 能够进行计量装置校验错误接线的判断。

**项目导航**

1. 单相电能表校验；
2. 三相有功电能表校验；
3. 三相无功电能表校验；
4. 特殊电能表校验；
5. 现场电能表校验；
6. 错误接线判断。

## 任务3.1 单相电能表校验

### 3.1.1 单相电能表校验

1. 任务背景

某居民小区接到街道办事处通知，供电部门需要对小区各住户的电能表进行更换，某部分住户认为，新换的电能表转得快，拒绝更换。因此引发了争议现象。

实际上，对于供电部门而言，居民使用的电能表都是经过计量部门校验的，每块电能表在其准确度等级下，经过校验后，都能确保该电能表的计量的准确性，不会出现多计量损害居民权益的现象，那么，居民生活用电所使用的单相电能表应该如何进行校验呢？校验以后如何判定该电能表的准确性呢？

**任务导出：单相电能表校验**

2. 任务知识准备

（1）机电式单相电能表的计量参数。

1）基本误差。基本误差是指电能计量器在规定的工作条件下所具有的误差。工作条件是指国家检定规程中所规定的检定工作条件。

电能表的基本误差规定用相对百分数误差。

$$相对误差＝(被测量结果－被测量真值)/被测量真值$$

由于真值不能确定，实际上用的是约定真值。

按照电能表的分类，单相电能表可分为有功电能表和无功电能表两类，它们允许的基本误差最大值（也称为基本误差限），不得超过表 3.1 和表 3.2 的规定。

**表 3.1　　　　　　　　　　单相电能表和平衡负载时三相电能表的基本误差限**

| 类别 | 直接接入 | 经互感器接入 | 功率因数② | 电能表准确度等级 | | | |
|---|---|---|---|---|---|---|---|
| | 负载电流① | | | 0.5③ | 1 | 2 | 3 |
| | | | | 基本误差限/% | | | |
| 有功电能表 | $0.05I_b$ | $0.02I_n$ | 1 | ±1.0 | ±1.5 | ±2.5 | — |
| | $0.1I_b \sim I_{max}$ | $0.05I_n \sim I_{max}$ | 1 | ±0.5 | ±1.0 | ±2.0 | — |
| | $0.1I_b$ | $0.05I_n$ | $0.5L$ | ±1.3 | ±1.5 | ±2.5 | — |
| | | | $0.8C$ | ±1.3 | ±1.5 | — | — |
| | $0.2I_b \sim I_{max}$ | $0.1I_n \sim I_{max}$ | $0.5L$ | ±0.8 | ±1.0 | ±2.0 | — |
| | | | $0.8C$ | ±0.8 | ±1.0 | — | — |
| | $0.2I_b \sim I_{max}$④ | $0.1I_n \sim I_{max}$④ | $0.25L$ | ±2.5 | ±3.5 | — | — |
| | | | $0.5C$ | ±1.5 | ±2.5 | — | — |
| 无功电能表 | $0.1I_b$ | $0.05I_n$ | 1 | — | — | ±3.0 | ±4.0 |
| | $0.2I_b \sim I_{max}$ | $0.1I_n \sim I_{max}$ | 1 | — | — | ±2.0 | ±3.0 |
| | $0.2I_b$ | $0.1I_n$ | 0.5 | — | — | ±3.0 | ±4.0 |
| | $0.5I_b \sim I_{max}$ | $0.2I_n \sim I_{max}$ | 0.5 | — | — | ±2.0 | ±3.0 |
| | $0.5I_b \sim I_{max}$ | $0.2I_n \sim I_{max}$ | 0.25 | — | — | ±4.0 | ±6.0 |

注：功率因数列中 cosΦ 适用于有功电能表，sinΦ(L 或 C) 适用于无功电能表。

① $I_b$—基本电流；$I_{max}$—最大电流；$I_n$—经电流互感器接入的电能表额定电流，其值与电流互感器次级额定电流相同；经电流互感器接入的电能表最大电流 $I_{max}$ 与互感器次级额定扩展电流（$1.2I_n$，$1.5I_n$ 或 $2I_n$）相同。

② 角 $\Phi$ 是星形负载支路相电压与相电流间的相位差；L—感性负载，C—容性负载。

③ 0.5 级表是经互感器接入的有功电能表。

④ 特殊要求时。

**表 3.2　　　　　　　不平衡负载时三相有功和无功电能表的基本误差限**

| 直接接入的电能表 | 经互感器接入的电能表 | 每组元件功率因数①cosθ（sinθ） | 有功电能表准确度等级 | | | 无功电能表准确度等级 | |
|---|---|---|---|---|---|---|---|
| 负载电流 | | | 0.5 | 1 | 2 | 2 | 3 |
| | | | 基本误差限/% | | | | |
| $0.2I_b \sim I_{max}$ | $0.1I_n \sim I_{max}$ | 1 | ±1.5 | ±2.0 | ±3.0 | — | — |
| $0.5I_b \sim I_{max}$ | $0.2I_n \sim I_{max}$ | $0.5L$ | ±1.5 | ±2.0 | ±3.0 | — | — |
| $0.2I_b \sim I_{max}$ | $0.1I_n \sim I_{max}$ | 1 (L 或 C) | — | — | — | ±3.0 | ±4.0 |
| $0.5I_b \sim I_{max}$ | $0.2I_n \sim I_{max}$ | 0.5 (L 或 C) | — | — | — | ±3.0 | ±4.0 |
| $I_{max}$ | $I_{max}$②（$I_n$） | 1 | 不平衡负载时的误差与平衡负载时的误差之差不超过/% | | | | |
| | | | ±1.0 | ±1.5 | ±2.5 | ±2.5 | ±3.5 |

注　不平衡负载是指三相电能表电压线路加对称的三相参比电压，任一相电流线路通电流，其余各相电流线路无电流。

① 角 $\theta$ 是指加在同一组驱动元件的相（线）电压与电流间的相位差。cosθ 适用于有功电能表和余弦式无功电能表，sinθ 适用于正弦式无功电能表。

② 电能表的 $I_{max}=1.2I_n$ 时，可用 $I_n$ 代替括号前的 $I_{max}$。

2）潜动。用户不用电时，电能表表盘仍转动的情况，叫电能表潜动。校验时，各电压线路加（80%～110%）的参比电压，转盘转动应少于 1 转。

3）启动。在参比电压、参比频率和功率因数为 1 的条件下，电能表线路通以表 3.3 规定的启动电流时，电能表转盘应连续转动。

表 3.3　　　　　　　　　　　有功和无功电能表的启动电流

| 类　别 | 有功电能表准确度等级 | | | 无功电能表准确度等级 | |
|---|---|---|---|---|---|
| | 0.5 | 1 | 2 | 2 | 3 |
| | 启动电流 $I_Q$ | | | | |
| 直流接入的电能表 | — | $0.004I_b$ | $0.005I_b$ | $0.005I_b$ | $0.01I_b$ |
| 经互感器接入的电能表 | $0.002I_n$ | $0.002I_n$ | $0.003I_n$ | $0.003I_n$ | $0.005I_n$ |
| 有止逆器的电能表 | $0.003I_n$ | $0.005I_b$ $0.003I_n$ | $0.005I_b$ $0.003I_n$ | $0.005I_b$ $0.003I_n$ | $0.01I_b$ $0.005I_n$ |
| 轮换检修后的单相电能表 | | | $0.007I_b$ $0.004I_n$ | — | — |

注　经互感器接入的宽负载电能表［如 3×1.5（6）A 和 3×3（6）A］可按 $I_n$ 确定启动电流。

（2）数值修约规则。

1）修约间隔。修约间隔是确定修约保留位数的一种方式，修约间隔一旦固定，修约值就为该数值的整数倍。例如修约间隔为 0.1，修约值就应该为 0.1 的整数倍，即将数值修约到小数点后一位。

2）有效位数。有效位数是指从非零数字最左一位向右数得到的位数减去仅用于定位的零的个数，对于其他十进位数，有效数字为非零数字最左一位向右数得到的位数。如 15000，若有两个无效零，则表示为 $150×10^2$，有效位数为三，若有三个无效零，则表示为 $15×10^3$，有效位数为二。2.3，0.23，0.023，0.00023 的有效位数均为二，0.0230 有效数字为三，34.440 有效位数为五。

3）测量数据修约方法。将测得的各次相对误差求和并取平均值，除以修约间隔，所得的结果根据修约规则进行修约，修约后乘以修约间隔，所得乘积为最终的结果。

a. 0.5 级电能表修约间隔为 0.05，表明相对误差保留小数点后 2 位且为 5 的整数倍。如：0.4299 修约后为 0.45，计算如下：

0.4299÷5＝0.08598 四舍五入，保留 2 位数字为 0.09，0.09×5＝0.45。

b. 2 级和 3 级电能表的修约间隔为 0.2，表明相对误差保留小数点后 1 位且为 2 的整数倍。如：1.399 修约后为 1.4，计算如下：

1.399÷2＝0.6995 四舍五入，保留 1 位有效数字为 0.7，0.7×2＝1.4。

## 3.1.2　单相多功能电能表检定装置介绍

DZ601 单相多功能电能表检定装置如图 3.1 所示。

该装置由程控精密测试电源、高精度标准功率电能表、误差计算器、时钟校验仪、RS-485 通信、控制计算机等组成，可以同时对 24 块单相电能表进行校验。共有 0.1A、

图 3.1 DZ601 单相多功能电能表检定装置

0.5A、1.0A、2.5A 、5A、10A、20A、50A、100A 九个电流挡位，电压挡位为 220/240V，电流、电压的调节范围均为 0～120%，相位调节范围为 0～360°，频率调节范围为 45～65Hz，调节精度可达 0.01%。

使用时，将该设备通电，接入待检定电能表，根据电能表铭牌标注输入检定参数。按检定规程要求进行校验。

### 3.1.3 单相电能表校验过程

1. 外观检查

对于单相电能表，在校验之前，必须对外观进行检查，检查合格后，方能进行下一步的工作，若外观检查不合格，则可以视该电能表为不合格，不需再进行检定。

外观检查的具体项目包括：

（1）电能表名称、型号、表号清晰、正确。

（2）电能表上标注了该表的参比频率、参比电压、参比电流、电能表常数、准确度等级等参数。

（3）电能表上应标明生产许可证标志和编号及依据。

（4）转盘转动方向和识别转动的色标正确。

（5）电能表的计量单位、计数器小数位数或示值倍数正确标明。

（6）电能表的接线图和接线端编号正确完整。

（7）标注电能表的制造厂商、商标及生产日期。

（8）检查电能表外部端钮是否有损坏，外观是否有严重破损。

2. 内部检查

内部检查时，若发现缺陷，应加强检查，若仍有缺陷，可直接判定该表不合格，不必进行后续检定。内部检查的具体项目有：

（1）各部分紧固螺丝是否松动或缺少必要的垫圈。

（2）转盘和制动磁铁磁极等处是否有铁粉或杂物。

（3）导线是否绝缘老化。

（4）各部调整装置是否处在极限位置，没有调整余量；各制动磁铁磁极端面是否明显与转盘平面不平行。

（5）转盘是否不在制动磁铁和驱动元件的工作气隙正中。

（6）转轴上的蜗杆是否与齿轮结构蜗轮的 1/3～1/2 处啮合。

（7）表盖和端子盖是否不密封。

**3. 交流耐压和绝缘电阻试验**

（1）电能表所有电压电流线路对地之间、工作中不相连接的所有电压线路与所有电流线路之间，应能承受住频率为 50Hz 或 60Hz 的正弦波交流电压 2kV（有效值）历时 1min 的试验。

对于 II 类防护绝缘包封的电能表，其交流电流线路对地交流耐压为 4kV（有效值）。

注意：试验时，参比电压不大于 40V 的辅助线路应接地。试验电压应在 5～10s 内平稳地由零升至规定值并保持 1min。在进行耐压试验前，最好先测定绝缘电阻，若绝缘电阻小于 5MΩ，则不必再进行耐压试验。

（2）绝缘电阻试验。可以使用 1000V 的绝缘电阻测试仪（摇表）进行测试，在相对湿度不大于 80% 的情况下，输入端子对辅助电源端子的绝缘电阻应不低于 100MΩ。

单相有功电能表检定的接线如图 3.2 所示，按图接线后，继续对电能表进行校验。

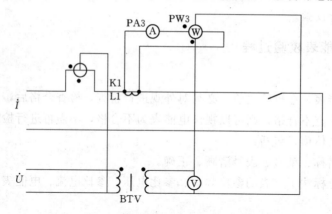

图 3.2 单相有功电能表检定的接线图

**4. 潜动试验**

待检定电能表电压线路先后加 110%、80% 参比电压，电流线路通入 0.25 倍启动电流，功率因数取 1，在潜动时限内，转盘转动应少于 1 转。

潜动时限 $t_{js}$ 的确定方法如下：

$$t_{js} = \frac{20 \times 1000}{CmU_s I_{js}}$$

式中　$C$——电能表常数，r/(kW·h) 或 r/(kvar·h)，经互感器接入的电能表，将其常数乘以铭牌电流电压互感器变比而变成二次常数；

　　　$m$——系数，对单相有功电能表，$m=1$；对三相四线有功电能表，$m=3$；对三相三线两元件有功电能表、内相角为 60° 的三相三线两元件无功电能表和跨相

$(90-\Phi)$ 的三元件无功电能表，$m=\sqrt{3}$；

$\quad U_s$——试验电压，等于 $110\%$、$80\%$ 参比电压，V；

$\quad I_{js}$——试验电流，等于表 3.3 所示启动电流的 $0.25$ 倍，A。

注意：经互感器接入的电能表，若其转盘没有防潜孔，潜动试验的时限应为 $1.5 t_{js}$；潜动试验时限根据其统计数据可做适当增减。

5．启 动 试 验

启动试验是测定电能表的最小起动功率值的。它反映了电能表的灵敏度或分辨率。在检定规程中，它是用最小启动电流来衡量的，即在规定的试验条件下，电能表转盘连续不停地转动时的最小电流不超过规定值。

在电压线路加参比电压 $U_n$、电流线路的电流升至表 3.3 规定的启动电流 $I_Q$、$\cos\Phi=1$ 或 $\sin\Phi=1$ 的条件下，电能表转盘应能连续转动且在启动时限 $t_Q$（min）内不少于 1 转。启动时限的计算如下：

$$t_Q = \frac{80 \times 1000}{C m U_n I_Q}$$

式中 $\quad C$——电能表常数，$r/(kW \cdot h)$ 或 $r/(kvar \cdot h)$，经互感器接入的电能表，将其常数乘以铭牌电流电压互感器变比而变成二次常数；

$\quad m$——系数，对单相有功电能表，$m=1$；对三相四线有功电能表，$m=3$；对三相三线两元件有功电能表、内相角为 $60°$ 的三相三线两元件无功电能表和跨相 $(90-\Phi)$ 的三元件无功电能表，$m=\sqrt{3}$。

注意：启动试验过程中，启动功率和启动电流的测量误差不应超过 $\pm 5\%$，字轮式计度器同时转动的字轮不多于两个。

6．测定基本误差

（1）负载调定值（即负荷点）。检定规程中的基本误差限是在某个负载大小和性质范围内的值，根据表 3.4 给出的单相电能表和平衡负载下三相有功、无功电能表应调定的负载功率，对电能表进行误差检定。

**表 3.4　检定单相电能表和平衡负载下的三相有功及无功电能表时调定的负载功率**

| 接通方式 | 分类 | $\cos\Phi=1$、$\sin\Phi=1$（感性或容性[2]） | $\cos\Phi=0.5$（感性）$\sin\Phi=0.5$（感性或容性） | $\cos\Phi=0.8$（容性）[4] |
|---|---|---|---|---|
| 直接接入 | 宽负载电能[1] | $0.1I_b$，$I_b$，$I_{max}$ | $0.2I_b$，$I_b$ | $0.5I_b$，$I_{max}$ |
| | 有功电能表 | $0.05I_b$，$I_b$，$1.5I_b$ | $0.2I_b$，$I_b$ | $0.5I_b$ |
| | 无功电能表 | $0.1I_b$，$I_b$，$1.5I_b$ | $(0.2I_b$[3]$)$，$0.5I_b$，$I_b$ | — |
| 经互感器接入 | 宽负载电能表 | $0.1I_b$，$0.5I_b$，$I_{max}$ | $0.2I_b$，$I_b$ | $0.5I_b$，$I_{max}$ |
| | 有功电能表 | $0.05I_b$，$0.5I_b$，$I_b$ | $0.2I_b$，$I_b$ | $0.5I_b$ |
| | 无功电能表 | $0.1I_b$，$0.5I_b$，$I_b$ | $(0.2I_b)$，$0.5I_b$，$I_b$ | — |

①　宽负载电能表是指 $I_{max} \geqslant 2I_b$ 的电能表。

②　无功电能表如用来测量容性无功电能，才需在容性负载下检定，并且在铭牌上加注 $\Phi<0$。

③　对无功电能表首次检定时不在 $0.2I_b$ 检定，周期检定可不在 $0.5I_b$ 检定。

④　只适用于 $0.5$ 级和 $1.0$ 级有功电能表。

（2）用标准电能表法检定电能表。标准电能表和受检电能表都在连续工作的情况下，用光电转换方法，将受检电能表转数转换成电脉冲数，控制标准电能表计数来确定受检电能表的相对误差（即比较他们测定的电能）。

1）相对误差按照下式计算：

$$\gamma = \frac{m_0 - m}{m} \times 100\%$$

$$m_0 = \frac{C_b n}{CK_I K_U K_J}$$

式中　$m$——实测脉冲数，即受检电能表转数为 $n$ 期间，标准电能表显示的脉冲数；

$m_0$——算定脉冲数，按上式计算；

$C_b$——标准电能表脉冲常数；

$K_I K_U$——扩大标准电能表测量范围的电流、电压互感器使用的变比，没采用互感器时取 1；

$K_J$——接线系数，由接线图给出，未给出时取 1；

$n$——受检定能表的转数；

$C$——受检电能表常数。

经互感器接入的电能表，其常数值小于 5，铭牌上标注有互感器的变比 $K_{TA}$、$K_{TV}$，检定这类电能表，算定脉冲数按下式计算：

$$m_0 = \frac{C_{bn}}{CK_{TA}K_{TV}K_I K_U K_J}$$

受检电能表和标准电能表常数与式 $m_0 = \dfrac{C_{bn}}{CK_I K_U K_J}$ 计算所得结果不同时，按表 3.5 进行换算。

表 3.5　　　　　　　　　　　　　　　电 能 表 常 数 换 算 表

| 铭牌标注常数 | 换成常数 $C$ 的公式 | 铭牌标注的常数 | 换成常数 $C$ 的公式 |
|---|---|---|---|
| $1r = x(W \cdot s)$ | $3600 \times 1000/x$ | $1\min 100W = x(r)$ | $600x$ |
| $1r = x(W \cdot h)$ | $1000/x$ | $P(W) = x(kHz)$ | $3600 \times 1000/x$ |
| $1r = x(kW \cdot h)$ | $1/x$ | $1W \cdot h = x(imp)$ | $1000/x$ |
| $1W = x(r/s)$ | $3600 \times 1000/x$ | | |

2）确定脉冲数的原则。在每一负载下，适当选定受检电能表转数和电流互感器量程，使计算出的脉冲数不小于表 3.6 所示的极限值，同时测试时间不得少于 5s。$\cos\Phi$（$\sin\Phi$）= 0.25 时，算定脉冲数可减少 1/2。

表 3.6　　　　　　　　　　　　　　　算 定 脉 冲 数 下 限 值

| 电能表准确度等级 | 0.5 | 1 | 2 | 3 |
|---|---|---|---|---|
| 算定脉冲数 $m_0$ | 20000 | 10000 | 6000 | 6000 |

若标准电能表所发出的脉冲序列不够均匀或其响应速度慢，应适当增加算定脉冲数。

若采用手动方法代替光电脉冲控制标准电能表计数，在 $I_b \sim I_{max}$ 和 $\cos\Phi(\sin\Phi) = 0.5$ ~1 的情况下，受检电能表不少于 10r，同时算定电能表数比表 3.6 增加一倍。

　　3）重复测定的次数。每个负载率下，至少记录两次误差测定数据，取其平均值。

　　（3）瓦秒法测定相对误差。瓦秒法是测定电能表误差的基本方法，由于它对电源稳定度要求很高，所以通常情况下不采用这种方法，在本节中不作详细介绍。

### 3.1.4　任务总结

　　根据 3.1.3 介绍的校验过程，整理校验数据，并出具校验报告，给出校验最终结论。

# 任务 3.2　三相有功电能表校验

## 3.2.1　三相有功电能表校验

　　1. 任务背景

　　某纸厂生产车间由于投入新设备，需要加装一个三相有功电能表，在加装前，需要对电能表进行校验，确保计量准确，方可投入使用。

　　**任务导出：三相有功电能表校验**

　　2. 任务知识准备

　　检定安装式三相有功不平衡负载时应调定的负载功率，见表 3.7。

表 3.7　　　　　　检定安装式三相有功不平衡负载时应调定的负载功率

| 每组元件功率因数 | 负载电流 |
|---|---|
| $\cos\Phi = 1.0$ | $0.2I_b(0.5I_b)$，$I_b(I_{max})$ |
| $\cos\Phi = 0.5(L)$ | $I_b$ |

## 3.2.2　三相多功能电能表检定装置介绍

　　DZ603 三相多功能电能表检定装置如图 3.3 所示。

　　该装置由大功率电源、高精度数字标准表、GPS 时钟、并行的 RS-485 通信组件、计算机和控制软件等部分组成，可以实现对三相多功能电能表进行误差校验、S 值、启动、潜动、日计时误差、时段切换误差、计度器组合误差、需量误差、需量周期误差等试验和检定项目，同时也可以进行诸如读写、检查表内寄存器等操作，进行各种影响量试验。共有（0.01A）、（0.05A）、0.1A、0.5A、1A、2.5A、5A、10A、20A、50A（或 60A）、100A（或 120A）十一个电流档位，电压档位为 57.7V、100V、220V、380V，电流、电压的调节范围均为 0~120%，调节细度达到 0.001%×档位，相位调节范围为 0°~360°，相位调节细度为 0.01°，频率调节范围为 45~65Hz，调节细度为 0.01Hz。

## 3.2.3　三相有功电能表校验过程

　　三相有功电能表的校验过程与单相有功电能表的检验过程基本相同，校验时，根据有

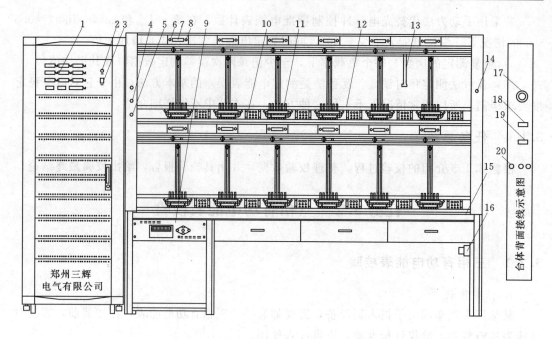

图 3.3　DZ603 三相多功能电能表检定装置

1—指示仪表；2—总复位按钮；3—电源开关；4—急停开关；5—复位钮（同 2）；6—光电头插座；7—误差显示；
8—误差显示复位；9—时钟校验仪；10—脉冲、时钟、需量周期及 RS-485 通信接线盒；11—电流端子；
12—电压端子；13—光电头；14—翻架开关；15—标准键盘；16—翻架电机；17—键盘插孔；
18—串行通信口；19—RS-485 通信口；20—装置高低频脉冲端子

功电能表的接线方式，分别采用图 3.4 和图 3.5 所示进行接线。

1. 检定三相四线有功电能表接线

三相四线有功电能表检定接线如图 3.4 所示。

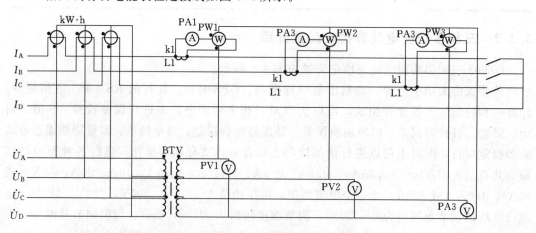

图 3.4　三相四线有功电能表检定接线

2. 检定三相三线有功电能表接线

三相三线有功电能表检定接线如图 3.5 所示。

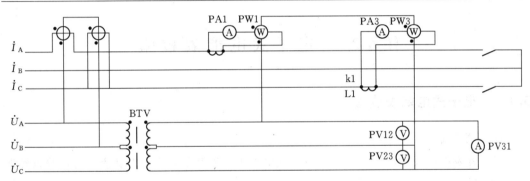

图 3.5　三相三线有功电能表检定接线

### 3.2.4　任务总结

根据 3.2.3 介绍的校验过程，整理校验数据，并出具校验报告，给出校验最终结论。

# 任务 3.3　三相无功电能表校验

### 3.3.1　三相无功电能表校验

1. 任务背景

某变电站要更换站内计量用的三相无功电能表，在使用前，需要对新表进行检验以确保计量的准确。

**任务导出：三相无功电能表校验**

2. 任务知识准备

检定安装式三相无功不平衡负载时应调定的负载功率见表 3.8。

表 3.8　　　　　检定安装式三相无功不平衡负载时应调定的负载功率

| 每组元件功率因数 | 负　载　电　流 |
|---|---|
| $\sin\Phi(\cos\Phi)=1.0$ | $0.2I_b, I_b$ |
| $\sin\Phi(\cos\Phi)=0.5(L\ 或\ C)$ | $I_b$ |

### 3.3.2　三相多功能电能表检定装置介绍

三相无功电能表校验同样采用 DZ603 三相多功能电能表检定装置，在 3.2.2 中已对该装置进行详细介绍，此处不再赘述。

### 3.3.3　三相无功电能表校验过程

三相无功电能表的校验过程与单相有功电能表的检验过程基本相同。此处不再详细介绍。

### 3.3.4　任务总结

根据 3.3.3 介绍的校验过程，整理校验数据，并出具校验报告，给出校验最终结论。

# 任务3.4 电子式电能表校验

## 3.4.1 电子式电能表校验

### 1. 任务背景

某新开发的商业中心要安装大量电子式电能表，安装前，需要对新表进行检验以确保计量的准确。

**任务导出：电子式电能表校验**

### 2. 任务知识准备

（1）电子式电能表的检定与感应式电能表检定一样。

（2）电子式电能表按照用途的准确度等级不同，可分为标准电能表和安装式电子电能表。一般0.1级及以上的电能表作为标准表使用，0.1级以下的电能表作为安装式电能表使用。

（3）电能表的基本误差要求。电子式电能表基本误差以相对误差的百分数来表示，在相关检定规程规定的检定条件下，电能表的基本误差限不得超过表3.9～表3.11中的规定值。

**表 3.9　　　　单相和三相（平衡负载）标准电能表的基本误差限**

| 类别 | 负载电流 | 功率因数 $\cos\Phi$ | 基本误差限/% | | | |
| --- | --- | --- | --- | --- | --- | --- |
| | | | 0.02 级 | 0.05 级 | 0.1 级 | 0.2 级 |
| A 型 | $0.05I_b$ | 1.0 | ±0.04 | ±0.1 | ±0.2 | ±0.3 |
| | $0.1I_b \sim I_{max}$ | 1.0 | ±0.02 | ±0.05 | ±0.1 | ±0.2 |
| | $0.1I_b$ | 0.5 (L)、0.8 (C) | ±0.05 | ±0.15 | ±0.3 | ±0.4 |
| | $0.2I_b$ | 0.5 (L)、0.8 (C) | ±0.03 | ±0.075 | ±0.15 | ±0.3 |
| | $0.5I_b \sim I_{max}$ | 0.5 (L)、0.8 (C) | ±0.02 | ±0.05 | ±0.1 | ±0.2 |
| | 用户特殊要求时 $0.2I_b \sim I_{max}$ | 0.5 (C) | ±0.03 | ±0.1 | ±0.2 | ±0.4 |
| | | 0.25 (L) | ±0.04 | ±0.15 | ±0.3 | ±0.5 |
| B 型 | $0.5I_b \sim I_{max}$ | 1.0 | ±0.02 | ±0.05 | ±0.1 | ±0.2 |
| | $0.5I_b \sim I_{max}$ | 0.5 (L)、0.8 (C) | ±0.02 | ±0.05 | ±0.1 | ±0.2 |
| | 用户特殊要求时 $0.5I_b \sim I_{max}$ | 0.5 (C) | ±0.03 | ±0.1 | ±0.2 | ±0.4 |
| | | 0.25 (L) | ±0.04 | ±0.15 | ±0.3 | ±0.5 |

**注　A型表和B型表的区别是B型表无轻载时的基本误差要求。**

三相标准电能表在不平衡负载时，其基本误差限应符合表3.10中的规定值。所谓不平衡负载，是指在对称的三相电压下，电能表任一电流线路有电流，其余电流线路无电流。

**表 3.10**　　　　　　**不平衡负载时三相标准电能表的基本误差限**

| 类别 | 负载电流 | 功率因数 $\cos\Phi$ | 基本误差限/% | | | |
|---|---|---|---|---|---|---|
| | | | 0.02 级 | 0.05 级 | 0.1 级 | 0.2 级 |
| A 型 | $0.1I_b \sim I_{max}$ | 1.0 | ±0.03 | ±0.075 | ±0.15 | ±0.3 |
| | $0.2I_b$ | 0.5 ($L$) | ±0.04 | ±0.1 | ±0.2 | ±0.4 |
| | $0.5I_b \sim I_{max}$ | 0.5 ($L$) | ±0.03 | ±0.075 | ±0.15 | ±0.3 |
| B 型 | $0.5I_b \sim I_{max}$ | 1.0 | ±0.03 | ±0.075 | ±0.15 | ±0.3 |
| | $0.5I_b \sim I_{max}$ | 0.5 ($L$) | ±0.03 | ±0.075 | ±0.15 | ±0.3 |

**表 3.11**　　　　　　**单相和三相（平衡负载）安装式电能表的基本误差限**

| 类别 | 负载电流 | 功率因数 $\cos\Phi$ | 基本误差限/% | | | |
|---|---|---|---|---|---|---|
| | | | 0.2 级 | 0.5 级 | 1.0 级 | 2.0 级 |
| 经互感器接入的电能表 | $0.01I_b \leqslant I < 0.05I_b$ | 1.0 | ±0.4 | ±1.0 | — | — |
| | $0.02I_b \leqslant I < 0.05I_b$ | 1.0 | — | — | ±1.5 | ±2.5 |
| | $0.05I_b \leqslant I \leqslant I_{max}$ | 1.0 | ±0.2 | ±0.5 | ±1.0 | ±2.0 |
| | $0.02I_b \leqslant I < 0.1I_b$ | 0.5 ($L$)，0.8 ($C$) | ±0.5 | ±1.0 | — | — |
| | $0.05I_b \leqslant I < 0.1I_b$ | 0.5 ($L$) | — | — | ±1.5 | ±2.5 |
| | | 0.8 ($C$) | — | — | ±1.5 | — |
| | $0.1I_b \leqslant I \leqslant I_{max}$ | 0.5 ($L$) | ±0.3 | ±0.6 | ±1.0 | ±2.0 |
| | | 0.8 ($C$) | ±0.3 | ±0.6 | ±1.0 | — |
| | 用户特殊要求时① $0.1I_b \leqslant I \leqslant I_{max}$（$I_b$） | 0.25 ($L$) | ±0.5 | ±1.0 | ±3.5 | — |
| | | 0.5 ($C$) | ±0.5 | ±1.0 | ±2.5 | — |
| 直接接入的电能表 | $0.05I_b \leqslant I < 0.1I_b$ | 1.0 | ±0.4 | ±1.0 | ±1.5 | ±2.5 |
| | $0.1I_b \leqslant I \leqslant I_{max}$ | 1.0 | ±0.2 | ±0.5 | 0 | 0 |
| | $0.1I_b \leqslant I < 0.2I_b$ | 0.5 ($L$) | ±0.5 | ±1.0 | ±1.5 | ±2.5 |
| | | 0.8 ($C$) | ±0.5 | ±1.0 | ±1.5 | — |
| | $0.2I_b \leqslant I \leqslant I_{max}$ | 0.5 ($L$) | ±0.3 | ±0.6 | ±1.0 | ±2.0 |
| | | 0.8 ($C$) | ±0.3 | ±0.6 | ±1.0 | — |
| | 用户特殊要求时① $0.2I_b \leqslant I \leqslant I_b$ | 0.25 ($L$) | ±0.5 | ±1.0 | ±3.5 | — |
| | | 0.5 ($C$) | ±0.5 | ±1.0 | ±2.5 | — |

①　对 1.0 级表为 $0.1I_b \leqslant I \leqslant I_b$。

## 3.4.2　电子式电能表检定装置介绍

电子式电能表检定装置可采用检定三相感应式电能表的校验装置，此处不再赘述。

## 3.4.3　电子式电能表校验过程

此书中只对安装式电能表进行介绍，对于标准电能表的检定，此处不作介绍。

**1. 工频耐压试验**

对新生产和修理后的电能表要进行工频耐压试验，试验电压为 2kV、50Hz 的正弦交流电，试验时，在室温条件下进行，湿度控制在 80% 以下，电压输出装置输出应不少于500VA，且能平稳地将试验电压从零升至规定值。

试验中，电能表参比电压不大于 40V 的辅助线路应接地，2kV 试验电压的一端加在所有连接在一起的电压、电流端子和所有参比电压大于 40V 的辅助端子上，另一端加在从电能表外部可触及的金属部位和外壳的接地端钮上。

**2. 直观检查**

直观检查应检查以下项目，若有不合格，则可判定该电能表不合格，不必进行后续检验。

(1) 标志是否完全，字迹是否清楚，受检表上的标志应符合国家标准或有关技术标准的规定，应包含生产厂家计量器具制造许可证及编号、出厂编号、准确度等级、脉冲常数、额定电压、基本电流及额定最大电流。

(2) 开关，旋钮，拨盘等换挡是否正确，外部端钮是否损坏。

(3) 有无防止非授权人输入数据或开表操作的措施。

(4) 接线盒盖子上应由明确的接线图和信号端子标志。

**3. 通电检查**

通电检查应检查以下项目，若有不合格，则可判定该电能表不合格，不必进行后续检验。

(1) 显示数字是否清楚、正确。

(2) 显示数字能否回零，显示时间和内容是否正确、齐全。

(3) 电能表基本功能是否正确。

**4. 启动试验**

条件：参比电压、参比频率、功率因数为 1.0，其他环境条件和影响量同基本条件。

负载电流：不超过规程规定值。如 0.5 级电能表，启动电流不超过 $0.001I_b$（表3.3）。

结果：应有脉冲输出或代表电能输出的指示灯闪烁。

**5. 潜动试验**

条件：电压回路加参比电压，电流回路无电流。

结果：在启动电流下产生 1 个脉冲的 10 倍时间内，输出不得多于 1 个脉冲。

**6. 基本误差测定**

测定基本误差除满足基本条件外，还应通电预热，使被检表性能达到稳定状态，然后根据规程要求，选择负载点进行测试（表3.1）。在每一个负载下，至少做 2 次测量，取其平均值作为测量结果。若误差范围在该表基本误差限的 80%～120%，应再做 2 次测量，取几次测量的平均值。

按照使用的标准表不同，检定方法可分为标准电能表法和瓦秒法。本节中重点介绍标准表电能法，对于瓦秒法不做过多介绍。

(1) 标准电能表法。标准表法是将标准表与被检表同时测定的电能值相比较，以确定被检表的相对误差。检定时，标准电能表累计的数字应不少于检定规程的要求，根据操作方法的不同，又分为定时比较法、定低频脉冲数比较法和高频脉冲数预置法三种。

1）定时比较法。定时比较法就是在特定的一段时间 $t$ 内，分别记下标准表和被检表累计的电能值，计算出被检表的相对误差。用下式计算：

$$\gamma = \frac{W' - W}{W} \times 100\% + \gamma_0$$

式中　$\gamma_0$——标准表或检定装置的已定系统误差，%，不需更正时取 0；

$\quad\quad W'$——被检表显示的电能值；

$\quad\quad W$——标准表显示的电能值。

若电能表显示的是高频脉冲数，则用下式换算成电能量：

$$W = \frac{3.6 \times 10^6}{C_H} m K_I K_U K_F$$

式中　$m$——电能表显示的高频脉冲数；

$\quad\quad C_H$——电能表的高频脉冲常数；

$\quad K_I K_U$——电能表经互感器接入的电流、电压互感器的变比；

$\quad\quad K_F$——电能表的倍率开关档倍率。

2）低频脉冲数比较法。低频脉冲数比较法就是当被检表输出一定的低频脉冲数 $N$ 时，停住标准表，记录实测电能值 $W$，与算定电能值 $W_0$ 进行比较，用下式算出被检表的相对误差：

$$\gamma = \frac{W_0 - W}{W} \times 100\% + \gamma_0$$

式中　$\gamma_0$——标准表或检定装置的已定系统误差，%，不需更正时取 0；

$\quad\quad W$——实测电能值，即标准表累计的电能值；

$\quad\quad W_0$——算定电能值，即被检表在没有误差运行下，输出 $N$ 个低频脉冲数时标准表应累积的电能值，可按下式计算：

$$W_0 = \frac{3.6 \times 10^6}{C_0} n_0$$

$$n_0 = \frac{C_0 N}{C_L K_I K_U}$$

式中　$C_0$——标准表的脉冲常数，$P_L/(\text{kW} \cdot \text{h})$ 或 $P_H/(\text{kW} \cdot \text{h})$；

$\quad\quad n_0$——算定脉冲数；

$\quad\quad C_L$——被检表的低频脉冲常数，$P_H/(\text{kW} \cdot \text{h})$，安装式电能表为 $C$，$\text{imp}/(\text{kW} \cdot \text{h})$；

$\quad K_I K_U$——电能表经互感器接入的电流、电压互感器的变比，没有经互感器接入时取 1。

注意：要适当的选择被检表的低频脉冲数，使得标准表的显示数字大于规程要求的最小值。

3）高频脉冲数预置法。该法是在标准表和被检表连续运行的情况下，计读标准表与被检表输出 $N$ 个低频脉冲时输出的高频脉冲数 $m$，作为实测高频脉冲数，再与算定（或预置）的高频脉冲数比较，用下式计算其相对误差：

$$\gamma = \frac{m_0 - m}{m} \times 100\% + \gamma_0$$

式中　$m_0$——算定（或预置）的高频脉冲数，可按式 $m_0 = \dfrac{C_{H0} N}{C_L K_I K_U}$ 计算；

　　　$m$——实测高频脉冲数；

　　　$\gamma_0$——标准表或检定装置的已定系统误差，%，不需更正时取 0；

　　$C_{H0}$——标准表的高频脉冲常数，$P_H/(kW \cdot h)$；

　　　$C_L$——检表的低频脉冲常数，$P_H/(kW \cdot h)$，安装式电能表为 $C$，$imp/(kW \cdot h)$；

　$K_I K_U$——电能表经互感器接入的电流、电压互感器的变比，没有经互感器接入时取 1。

　　注意：要适当选择被检表的低频脉冲数 $N$ 和标准表外接互感器量程或标准表的倍率开关，使算定（或预置）脉冲数和实测脉冲数满足规程要求。

　　（2）瓦秒法。瓦秒法就是用标准数字功率表测量调定的恒定功率，同时用标准测时器测量被检表累计电能所需的时间，该时间与恒定功率的乘积为实测电能值，再与被检表累计的电能值相比较，以确定被检表的相对误差。

　　由于测量的量不同，瓦秒法可分为定时测量法和定低频脉冲数测量法。

　　7. 电能测量标准偏差估计值

　　在参比电压 $U_n$、参比频率 $f_n$ 和基本电流 $I_b$ 下，对功率因数为 1.0 和 0.5（$L$）两个负载点分别作不少于 5 次的相对误差测量，然后按下式计算：

$$S = \sqrt{\frac{1}{n-1} \sum_{i=1}^{n} (\gamma_i - \overline{\gamma})^2}$$

式中　$n$——对每个负载点的测量次数；

　　　$\gamma_i$——第 $i$ 次测出的相对误差，%；

　　　$\overline{\gamma}$——各次测量误差的平均值，%。

　　8. 电能测量的 24h 变差

　　标准表在确定基本误差后关机，在实验室内放置 24h，再次测量参比电压 $U_n$、参比频率 $f_n$ 和基本电流 $I_b$ 下，功率因数为 1.0 和 0.5（$L$）两个负载点的基本误差。测量结果不得超过该电能表的基本误差限，误差的改变量的绝对值不得超过基本误差限绝对值的 1/5。

　　9. 8h 连续工作误差改变量

　　标准表在预热结束时测量一次基本误差，测量点为参比电压 $U_n$、参比频率 $f_n$ 和基本电流 $I_b$ 下，功率因数为 1.0 和 0.5（$L$）两个负载点。之后每隔 1h 测量 1 次基本误差，共测 9 次。9 次测量结果不超过该表的基本误差限，且符合规程规定。

　　10. 需量示值误差

　　具有最大需量计量功能的安装式电能表要确定需量示值误差。其检定条件与测定基本误差时的条件相同。测试负载点为功率因数为 1 时，分别加 $0.1I_b$、$I_b$、$I_{max}$。

　　测试的方法有标准功率表法和标准电能表法，本节只对常用的标准功率表法进行介绍。

使用标准功率表法测量时，负载功率的稳定度不得低于 0.05%，标准功率表准确度等级不应低于 0.1 级。

测试方法为将被检表需量示值清零，经过一个需量周期的测量，记录被检表需量示值，用下式计算误差：

$$\gamma_{\mathrm{p}} = \frac{P - P_0}{P_0} \times 100\%$$

式中　$P$——被检表需量示值，kW；

　　$P_0$——加在被检表上的实际功率，即标准功率表的示值，kW。

11. 日计时误差

按照规程要求，多功能安装式电能表，日计时误差应不超过 0.5s/d，并应具备供方便检测的部位，常用的测量方法是将被检表晶控时间开关的时基频率检测孔（或端钮）与计时误差不大于 0.5s/d 的日差测试仪的输入端相连，通电预热 1h 后，开始测量时间，重复测量 10 次，每次测量时间为 1min，取 10 次测量结果的平均值，得瞬时日计时误差。

12. 时段投切误差

时段投切误差就是任一个预置时段起始或终止时间与实际时间的差值。确定一个被检表的时段投切误差，应至少测量两个时段间隙。测量方法为在预置时段内用标准时钟所得实际时间 $t_0$ 与时段起始（或终止）时间 $t$ 比较，按下式计算即得时段投切误差：

$$\Delta t = t - t_0$$

13. 检定结果处理

首先对检定误差进行修正和化整，原则上先修正后化整，基本误差、标准偏差估计值和需量误差按照表 3.12 所给的化整间距进行。日计时误差化整间距为 0.01s，时段投切的化整间距为 1s，需量误差的化整间距与基本误差相同。

表 3.12　　　　　　　　　安装式电能表 $\gamma$ 和 $s$ 的化整间距

| 被检表准确度等级 | 0.2 | 0.5 | 1 | 2 |
| --- | --- | --- | --- | --- |
| $\gamma/\%$化整间距 | 0.02 | 0.05 | 0.1 | 0.2 |
| $s/\%$化整间距 | 0.004 | 0.0005 | 0.02 | 0.04 |

需要考虑使用标准表或检定装置的已定系统误差修正检定结果时，应先修正检定结果，再进行误差化整。

检定合格者，发给检定证书，不合格者发给检定结果通知书。

使用中的安装式电能表的检定周期一般为 5 年。

# 任务 3.5　现场电能表校验

## 3.5.1　现场电能表校验

1. 任务背景

某变电站电能表在轮换周期内，按照抽检规则，被选中的电能表需要进行现场监督检验,以确保电能表计量的准确可靠。

**任务导出:现场电能表校验**

2. 任务知识准备

为确保现场检验的准确性,现场校验时应满足以下条件:

(1) 环境温度为 0~35℃。

(2) 频率对额定值的偏差不应超过±5%,某些现场作业指导书规定为±2%。

(3) 电压对额定值的偏差不应超过±10%。

(4) 电压和电流波形的失真度不大于±5%。

(5) 现场检验时,负载功率应为实际的常用负载,且负荷相对稳定。

(6) 现场实负荷测定电能表误差时,采用标准表法,所用标准表应满足下列要求:

1) 必须具备运输和保管中的防尘、防潮和防震措施。

2) 标准表必须按固定相序使用,且有明显的相别标志。

3) 标准表接入电路的通电预热时间,应严格遵照使用说明中的要求;若没有明确要求,最少不能少于 15min。

4) 标准表和试验端子之间的连接导线应有良好的绝缘,中间不允许有接头,并应有明显的极性和相别标志。

5) 连接标准表与试验端子之间的导线及连接点接触电阻,造成的标准表与被检表对应电压端子之间的电位差相对于额定电压比值百分数应小于被检表等级指数的 1/10。

### 3.5.2 三相多功能电能表检定装置介绍

多功能三相电能表现场校验仪如图 3.6 所示。

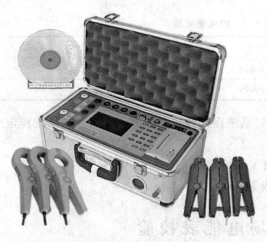

图 3.6 多功能三相电能表现场校验仪

其主要功能有以下内容。

1. 电能表(电度表)准确度误差现场校验

可校验目前国内外各厂家所有类型电能表,不论是进口表还是国产表;不论是机械表还是电子表;不论三线表还是四线表;不论有功表还是无功表;不论是普通表还是多功能表。

2. 二次计量回路装表接电错误接线检查

识别三相三线接线,三相四线接线,及所有的功率因数和相位不平衡度。为判别错误接线提供最详尽参考。

3. 计量装置(计量箱/柜)综合误差测试

完全符合国家《电能计量装置技术管理规程》(DL/T 448—2000)相关条款要求。

实现该功能需选配大电流钳形互感器(大电流钳)。

**4. 电流互感器变比测量**

计量回路中互感器变比是否正确，有时比电能表误差还重要，因此强烈建议工矿企业购买产品时按自己的实际负荷情况增配大电流钳。

实现该功能需选配大电流钳形互感器（大电流钳）。

**5. 交流参数相量图和三相系统相位图实测实显（矢量图）**

实时、彩色、多线显示测得三相系统的相量图，直观反映需求侧负载状况；实测所得相位图让三相系统的接线状况一目了然。

**6. 三相电量参数实时测量**

可同时测量三相系统的：

电压（$U_{ab}$、$U_{cb}$、$U_{ca}$）或（$U_{a0}$、$U_{b0}$、$U_{c0}$）；电流（$I_a$、$I_c$）或（$I_a$、$I_b$、$I_c$）；功率值（$P_1 P_2$、$P_\Sigma$、$Q_1$、$Q_2$、$Q_\Sigma$）或（$P_1$、$P_2$、$P_3$、$P_\Sigma$、$Q_1$、$Q_2$、$Q_3$、$Q_\Sigma$）；各组测量元件相角值（$\Phi_1$、$\Phi_2$ 或 $\Phi_1$、$\Phi_2$、$\Phi_3$），矢量值（$U_{ab}$、$U_{cb}$ 或 $U_{a0}$、$U_{b0}$、$U_{c0}$）；频率（$f$）；功率因数（$\cos\theta$、$\sin\theta$）。

**7. 双置式误差测量功能**

可同时测量有功电能表误差和无功电能表误差。

**8. 电压质量测试功能**

自动计量各相电压之间的偏差，以及各相电压与标称电压之间的偏差。

**9. 电流电压波形显示功能**

可将实际所测电流电压的波形按需要显示，对供电质量、电能质量做进一步分析。

**10. 三相不平衡测量功能**

可测量电压质量，三相三线、三相四线电流不平衡。快速简洁查出隐蔽性的故障、偷电、漏电等异常情况。

**11. 接线仿真培训功能**

仪器在不接入电压、电流信号的情况下，在办公室就可模拟现场的各种接线，得出相应的接线结果。此功能可作为培训查线的工具使用，提高现场工作人员的查线技能。

**12. PT 二次负荷在线测试功能**

测量电压范围——$0.2\sim480\text{V}$。

**13. CT 二次负荷在线测试**

测量电流范围——$10\text{mA}\sim10\text{A}$。

**14. 5A 钳误差自检功能**

仪器内可产生 5A、0.5A 的电流信号加到 5A 钳上，以测量钳表的误差。解决了 5A 钳在使用时间长了以后误差变化的问题。可随时了解钳表的闭合情况，提醒工作人员清洁钳口。

**15. 超级 USB 数据存储及传输功能**

校验仪不但内置电子盘，还具有 USB 接口，还可连接 U 盘，可形成超大型空间，方便数据管理。

### 3.5.3 三相无功电能表校验过程

1. 直观检查

(1) 检查计量箱（柜）外观及封印是否完好。

(2) 计量回路二次接线盒、电能表表尾接线盒封印、电能表封印是否完好。

(3) 检查电能表检定标记和检定证书是否有效。

(4) 保护标记、封签和防止非授权人员改变接线、输入数据或操作的措施是否收到破坏。

2. 显示和接线检查

(1) 用相序表或现场校验仪在接线盒处检查接入电能表电源相序的正确性。

(2) 检查试验接线盒及表尾接线盒所有接线螺钉是否紧固，有无过热现象。

(3) 用六角图等方法检查电能表的接线。

(4) 若检查电子式电能表，还应检查电能表显示的相关信息，如失压记录、电池是否缺电、编程次数等。

3. 测定电能表实际负荷的运行误差

用标准电能表法测定电能表实际负荷运行时的相对误差，即用标准电能表测定的电能与被检表测定的电能（脉冲数）相比较，确定被检表的相对误差。误差计算方法与试验室算法相同。现场校验时，一般用光电转换器采集被检表的信号，在特殊情况下也可以采用手动定圈比较法。

测定误差的过程中，应注意以下几个问题：

(1) 标准电能表应通过专业试验端子接入和被检表相同的电压和电流回路，且必须可靠连接。

(2) 校验过程中严禁电流回路开路，电压回路短路。

(3) 在标准电能表达到热稳定且符合相对稳定的状态下测定误差，测定次数不得少于 2 次。

(4) 用手动定圈校验时，应适当增加校验圈数，以减少启停过程对误差测定的影响。

4. 电能表内部时钟校准

电能表内部时钟校准的范围及周期现场运行的电能表内部时钟与北京时间相差每年不得大于 5min，校准周期每年不得少于 1 次。具体校准步骤如下：

(1) 检查电能表内部日历时钟是否正确。若误差在 5min 之内，进行现场调整，若误差超过 5min，则应分析原因，必要时更换表计。

(2) 采用 GPS 法校对电能表内部时钟。将 GPS 的通信接口（串口）接至便携式电能的一个通信接口，电能表通信接口接便携式电脑的另一个通信接口。时钟校对前，首先使 GPS 处于有效接收状态，校准便携式电能的时钟后，再用便携式电脑的电能表校时软件对电能表内部时钟进行校准，校准时记录电能表时差，校准后检查电能表时钟。

(3) 采用北京时间校对法校准电能表内部时钟。将便携式电脑与北京时间校准后，再用便携式电脑中的电能表校对软件对电能表内部时钟进行校准。

5. 电池检查

根据电能表电池显示状态，判断电池使用情况，如有异常应及时处理。

6. 失压记录检查

检查多功能电能表事件记录寄存器，并记录电能表所计的失压次数和起止时间。

7. 多功能电能表相关功能检查

（1）对多费率表，检查各费率电量之和与总电量是否相等，相对误差应不大于 0.2%。

（2）检查费率时段设置是否符合地区规定。

（3）当多用户访问电能表时，应检查电能表访问权限是否正确设置。

（4）电能表具有记录负荷曲线的功能，要检查负荷曲线通道、数目及被测量设置是否正确，时间间隔是否满足规定，负荷曲线是否有效。

（5）检查需量周期、滑差间隔及复位时间是否正确。

（6）检查电能表的计算时间（冻结时间）日是否正确。

8. 计量装置接线检查

（1）检查运行中的电能表和计量用互感器二次接线是否正确。

（2）对判断为错误接线的电能计量装置有详细的记录，包括错误接线的形式、相量图、计算公式，更正后的接线形式、相量图等。

9. 计量差错

（1）电能表倍率差错。电能表的计费倍率应按下式计算：

$$K_{\mathrm{G}}=\frac{K_{\mathrm{I}}K_{\mathrm{U}}}{K_{\mathrm{I'}}K_{\mathrm{U'}}}K_{\mathrm{N}}$$

式中　$K_{\mathrm{I}}K_{\mathrm{U}}$——与电能表相连的计量用电流、电压互感器的变比；

　　　$K_{\mathrm{I'}}K_{\mathrm{U'}}$——电能表铭牌所示的电流、电压互感器的变比；

　　　$K_{\mathrm{N}}$——电能表铭牌表示的倍率，未标示取 1。

（2）电压互感器熔断器或二次回路是否接触良好。

（3）电流互感器二次回路是否完好，是否有开路现象。

（4）电压相序是否正确。

（5）电流回路极性是否正确。

10. 不合理计量方式检查

（1）是否有电流互感器的变比过大，致使电流互感器经常在 20% 额定电流以下运行的情况。

（2）电能表是否接在电流互感器非计量二次绕组上。

（3）电压与电流互感器分别接在变压器的不同侧时，电能表电压回路是否未接到相应的母线电压互感器二次侧上。

（4）无换向计度器的感应无功电能表和双向计量的感应式有功电能表是否有止逆器。

11. 校验结果处理

现场校验记录应在其等级允许范围内，将检验结果和有效期等有关项目填入现场工作记录，若有异常，应分析原因，及时处理或直接更换。

电能表的现场校验周期应符合表 3.13 的要求。

**表 3.13**　　　　　　　　　　　**电能表的现场校验周期**

| 电能计量装置类别 | 准确度等级 | | | | 现场校验周期 |
|---|---|---|---|---|---|
| | 有功电能表 | 无功电能表 | 电压互感器 | 电流互感器 | |
| Ⅰ | 0.5 | 2.0 | 0.2 | 0.2 或 0.2S | 3 个月 |
| Ⅱ | 1.0 | 2.0 | 0.2 或 0.5 | 0.2 或 0.5 | 6 个月 |
| Ⅲ | 1.0 | 2.0 | 0.5 | 0.5 或 0.5S | 1 年 |
| Ⅳ | 2.0 | 3.0 | 0.5 | 0.5 或 0.5S | 2 年 |

# 任务 3.6　错误接线判断

## 3.6.1　错误接线的危害

随着国民经济的不断发展，电能需求量的日益增加，电力客户逐步增多，电能计量装置接线的准确性要求不断提高。计量的准确影响着供电企业的形象声誉和经济效益。电能表的计量准确性可以通过电能计量装置检定机构的校验得到保证，而现场接线的准确性，取决于计量装置安装人员的工作责任心、业务水平及熟练程度。而某些电力客户违反电力法律法规，进行窃电，致使计量装置错误接线，也影响到计量的准确性，使得计量装置少计量甚至不计量，造成供电部门的损失。同时也触犯了法律。

## 3.6.2　常见错误接线判断

电能表的错误接线一般可分为三大类：

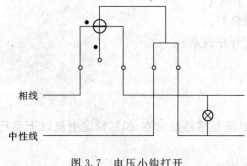

图 3.7　电压小钩打开

（1）电压回路和电流回路发生短路或断路。

（2）电压互感器和电流互感器极性接反。

（3）电能表元件中没有接入规定相的电压和电流。

电能表发生接线错误后，电能表表现为正转（慢转或者快转）、反转、不转和转向不定四种情况。

1. 单相有功电能计量装置的错误接线

（1）电压小钩打开。电路如图 3.7 所示。

现象：圆盘不转。

原因分析：电压线圈与电流线圈之间的连接片（俗称电压小钩）打开，电压线圈上无电压，此时驱动力矩为 0。

要求：试分析驱动力矩与什么参数有关，此时为何为 0？

（2）电流线圈的进线反接。电路如图 3.8 所示。

现象：电能表反转。

原因分析：同名端反接。

要求：分析此时产生的误差为正误差还是负误差？

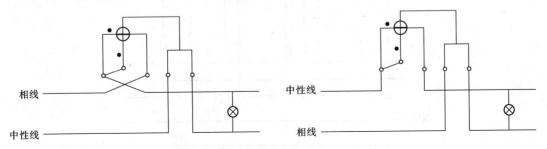

图 3.8　电流线圈的进线反接　　　　图 3.9　相线与中性线颠倒

（3）相线与中性线颠倒。电路如图 3.9 所示。

现象：虽然也能正确计量，但有可能漏计电量。

原因分析：当电能表电源或负载侧有接地，中性线绝缘不良或重复接地时，会造成虚增或虚减现象。

要求：分析为何会出现上述现象？

（4）电流线圈与电源并列。电路如图 3.10 所示。

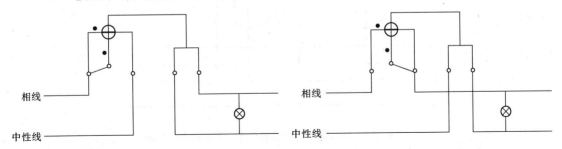

图 3.10　电流线圈与电源并列　　　　图 3.11　电压小钩接在电流线圈出线端

现象：合上电源时，熔丝熔断，甚至烧坏电流线圈。

原因分析：电流线圈阻抗小。

（5）电压小钩接在电流线圈出线端。电路如图 3.11 所示。

现象：电能表潜动。

原因分析：无论负载是否用电，电压线圈和电流线圈始终有电流。

2. 三相四线有功电能计量装置的错误接线

（1）电压线圈中性点与中性线断开。电路如图 3.12 所示。

现象：电能计量偏差，少计量。

原因分析：当三相电压不对称时，中性线断开后将在电压线圈中性点与中性线之间产生电压差 $U_0$，若中性线电流不等于零，电能表反映的功率要比实际功率少 $\Delta P$，即

$$\Delta P = U_0 I_N \cos \Phi_N$$

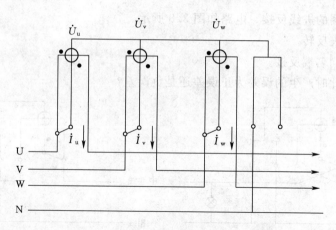

图 3.12 电压线圈中性点与中性线断开

要求：为保证计量准确度，在进行三相四线电能表接线时，应注意什么？

（2）用三相三线有功电能表计量三相四线有功电能。电路如图 3.13 所示。

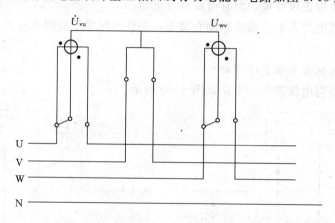

图 3.13 用三相三线有功电能表计量三相四线有功电能

现象：当 $I_N \neq 0$ 时，产生计量附加误差，计量失准。

原因分析：接线不当。

要求：若在不同相间接入单相负载（如电焊机），电能表有何现象？

3. 三相三线有功电能计量装置的错误接线

（1）某相电流互感器极性接反。对应错误接线的接线图如图 3.14 所示。

现象：只有当负载的功率因数为 0.5 时计量才正确，其他数值时均不能正确计量，若为容性负载，电能表还会反转。

原因分析：某相电流互感器极性接反。可结合如图 3.15 所示的相量图进行分析。

（2）接入电能表的电压顺序不对。对应错误接线的接线图如图 3.16 所示。

现象：只有当负载的功率因数为 0.5 时计量才正确，其他数值时均不能正确计量，负载功率因数高时才容易发现。

原因分析：接入电能表的电压顺序不对。可结合如图 3.17 所示的相量图进行分析。

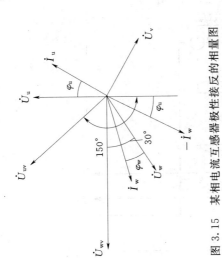

图 3.15 某相电流互感器极性接反的相量图

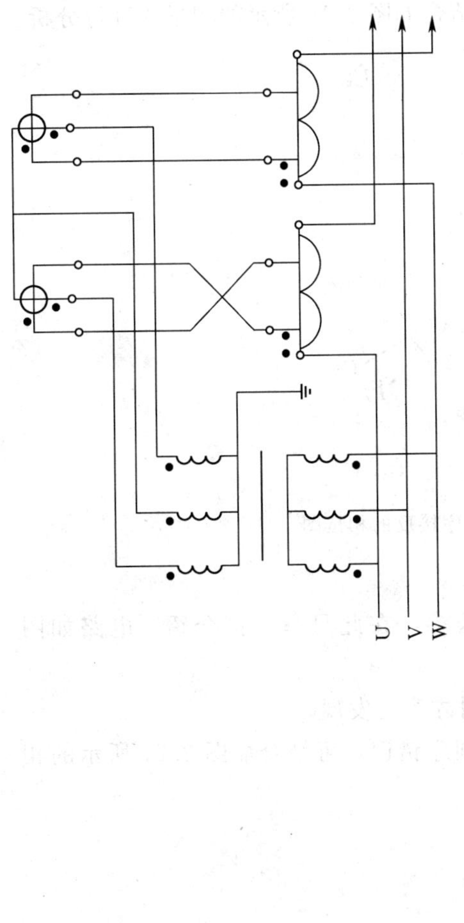

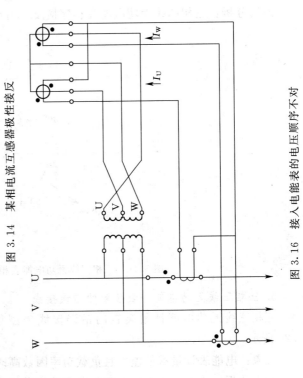

图 3.14 某相电流互感器极性接反

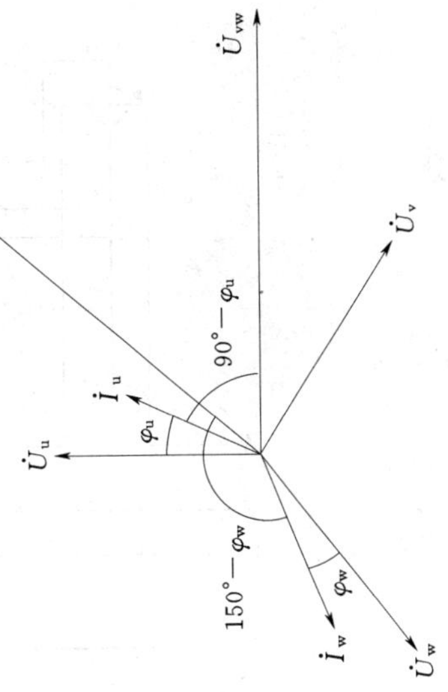

图 3.17 接入电能表的电压顺序不对时的相量图

图 3.16 接入电能表的电压顺序不对

4. 三相四线无功电能计量装置的错误接线

三相四线无功电能计量装置的错误接线类型很多，在此只举一例介绍。电路如图 3.18 所示。

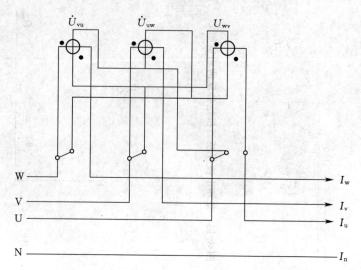

图 3.18　三相四线无功电能计量装置的错误接线

现象：电能表圆盘反转。

原因分析：三相四线无功电能表相序接反。可结合如图 3.19 所示的相量图进行分析。

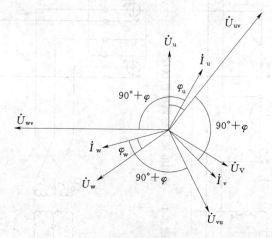

图 3.19　三相四线无功电能表相序接反的相量图

5. 三相三线无功电能计量装置的错误接线

三相三线无功电能计量装置的错误接线类型很多，在此只举一例介绍。电路如图 3.20 所示。

现象：电能表计量有偏差，且负载功率因数高时才容易发现。

原因分析：三相三线无功电能表电压端钮节选顺序错误。可结合如图 3.21 所示的相量进行分析。

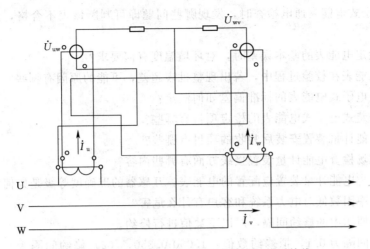

图 3.20  三相三线无功电能计量装置的错误接线

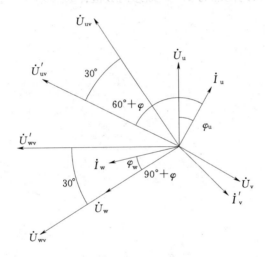

图 3.21  三相三线无功电能表电压端
钮节选顺序错误的相量图

## 思考及练习题

3.1  计量检定人员的职责有哪些?

3.2  客户怀疑表不准怎么办?

3.3  判断电能表启动试验是否合格有几种方法?请试述一例。

3.4  什么是电能表的常数?

3.5  试述感应式电能表潜动现象产生的原因。

3.6  在测定感应式电能表误差之后,若无论怎样调整,都不能消除潜动,应如何
处理?

3.7  什么是电能表的基本误差?

3.8  为什么要进行走字试验?

3.9 电子式电能表通电检查时，发现哪些问题即可判断该表不合格，无需进行后续检定？

3.10 检定电能表的基本误差时，对环境温度有何要求？

3.11 电能表在校验过程中，若出现整批表超差，可能的原因有哪些？

3.12 全电子式电能表的标准偏差如何测定？

3.13 安装式电子式电能表的检定项目有哪些？

3.14 电能计量装置安装后验收的项目有哪些？

3.15 现场检查电能计量装置接线方面有哪些内容？

3.16 各类电能计量装置应配置的电能表、互感器的准确度等级是如何规定的？

3.17 功率因数低对电力系统和客户有什么危害？

3.18 按照题中的修约间隔，对以下数值进行修约。

（1）修约间隔为 0.1，拟修约数值：1.050 0.350；（2）修约间隔为 0.2，拟修约数值：55.34 0.37；（3）修约间隔为 0.5，拟修约数值：60.25 60.38。

# 项目4 抄 表 技 术

**学习目标**

1. 能力目标要求

(1) 能用正确使用抄表机进行电量抄读;

(2) 能对各种故障进行分析、处理;

(3) 能正确进行各种应急处理;

(4) 能编写试验报告;分析结果。

2. 知识目标要求

(1) 抄表器结构及原理;

(2) 电力营销有关法律、法规、规程等;

(3) 岗位服务规范、作业规范。

**项目导航**

1. 本地抄表技术;

2. 远程抄表技术;

3. 电力负荷控制技术;

4. 智能家居。

抄表是电力企业运营的基础环节,能否及时、准确地获得抄表数据,直接关系到电力企业的切身利益。随着电力系统新技术的应用和改革的不断深入,抄表技术也不断地发展,循序渐进和完善。从电能抄表技术可分为两种方式:本地抄表技术和远程自动抄表技术。在一个电力管理系统中由于受到各种因素的制约,这两种方式可能同时存在,互为补充,各有侧重。在电力计量管理系统的不同层次和不同的历史发展阶段,两种抄表技术有着不同的意义和作用。

## 任务4.1 本 地 抄 表 技 术

### 4.1.1 本地抄表定义

本地抄表方式是电力企业长期以来普遍采用的传统抄表方式,它的操作方式较为简单,即电力营销部门下属抄表班专职抄表人员使用抄表卡或抄表器定期到自己的管辖区内,根据抄表卡或抄表器上的要求将电量信息填入抄表卡或抄表器中,然后将抄表数据返回电力营销部门处理。本地抄表使用的工器具及材料见表4.1。

**表 4.1** 本地抄表使用的工器具及材料

| 序号 | 抄表使用的工器具及材料 | 数量 | 序号 | 抄表使用的工器具及材料 | 数量 |
|------|------------------------|------|------|------------------------|------|
| 1 | 工具包 | 1 个 | 8 | 手电筒 | 1 支 |
| 2 | 抄表机 | 1 台 | 9 | 签字笔 | 1 支 |
| 3 | 老虎钳 | 1 把 | 10 | 台区经理名片 | 1 盒 |
| 4 | 十字螺丝刀 | 1 把 | 11 | 宣传折项 | 若干 |
| 5 | 一字螺丝刀 | 1 把 | 12 | 抄表异常告知单 | 1 本 |
| 6 | 低压验电笔 | 1 支 | 13 | 抄表异常记录单 | 1 本 |
| 7 | 表箱专用钥匙 | 1 套 | 14 | 工作记录本 | 1 本 |

## 4.1.2 本地抄表方法

1. 本地抄表数据准备

抄表数据准备是指按抄表例日将抄表数据下装至抄表器中。其流程如下：

（1）抄表段数据准备。抄表段准备应在抄表日前 24h 内完成。偏远地区提前时间不得超过 72h。关口抄表段数据与其他抄表段数据必须分别准备。

（2）流程发送。

1）根据抄表计划对抄表段数据准备，流程发送至"抄表数据下装"。

2）根据线损抄表计划对关口抄表段做数据准备，流程发送至"抄表数据下装"。

（3）结束。数据准备后，抄表人员进行抄表数据下装，并通知相关部门在抄表期间不要安排该抄表段用户的电能表的拆装工作。

本地抄表数据准备操作界面及说明如图 4.1 所示。

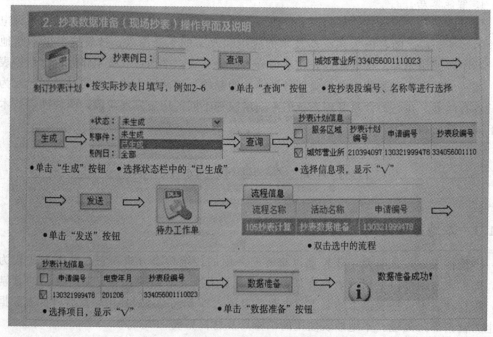

图 4.1 本地抄表数据准备操作界面及说明

2. 抄表数据下装

抄表数据准备完成后应及时下装至抄表器中。其流程如下：

（1）设置抄表机参数。根据抄表机操作要求正确选择抄表机参数，如厂家、型号、端口、通信波特率，设置抄表机处于通信状态。

在设置抄表机参数时要注意检查抄表机工况是否异常。

（2）是否为自动化抄表方式。抄表机有本地抄表和远程抄表两种抄表方式。判别是否是自动化抄表方式，如是自动化抄表的抄表段，必须先获取数据，对获取数据失败的客户，再进行抄表数据下装。本次任务采用本地抄表的抄表方式。

（3）下载抄表数据。将抄表任务对应在的抄表数据下装到抄表机，如需现场打印电量电费通知单，应在系统中勾选"现场打印"选项。为了防止抄表机内未上传的抄表数据被覆盖，如本抄表段发生大批量换表时，则建议不使用现场打印。

（4）检查抄表数据是否正确。下装抄表数据后应检查抄表机内下载数据是否正确、完整，如不正确，需要重新进行抄表数据下装。同时还要检查抄表机时钟与服务器的时钟是否一致，并与机外时钟进行核对。

（5）结束。抄表数据下装正确无误后，抄表人员可以进行现场抄表。

抄表数据下装操作界面及说明如图 4.2 所示。

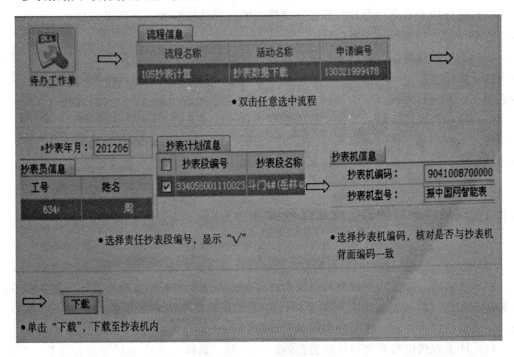

图 4.2　抄表数据下装操作界面及说明

3. 本地抄表机抄表

本地抄表流程如下：

（1）核对抄表机信息与现场实际情况。抄表人员现场应仔细核对抄表机内户号、电能表资产编号、倍率等相关参数与现场是否一致，如发现信息异常，应在《抄表异常记录单》中做好记录。

(2) 检查抄表现场情况。检查抄表现场情况,包括计量装置是否完好、是否存在违约用电的情况等（如是否存在失压、失流现象；转盘转动、封印等外观检查）。如发现问题,应在《抄表异常记录单》中做好记录。

(3) 抄录示数。逐项核对红外抄录读数与电能表计度器示数是否一致,如不一致则按手工方式重新录入。在抄表中不得违规估抄、漏抄。因特殊情况不能完成现场抄表的,应在 24h 内进行补抄。

(4) 现场打印并发放《电量电费通知单》。采取现场打印《电量电费通知单》的,现场打印并发放《电量电费通知单》。

(5) 是否最后一户。检查是不是抄表机内最后一户。

(6) 是否漏抄。完成抄表机内最后一户抄表后,在抄表机上检查漏抄客户,并及时补抄,直至补抄完毕。门闭用户填写《门闭用户通知单》通知用户。

(7) 结束。本地抄表结束后,抄表人员准备抄表数据上装。

4. 抄表数据上传

在完成抄表机内所有客户的抄表工作之前,不允许进行数据上传。抄表数据上传流程如下:

(1) 选择抄表机通信参数。根据抄表机正确选择通信参数,如厂家、型号、端口、通信波特率,设置抄表机处于通信状态。

(2) 上传抄表数据。将抄表任务对应的抄表数据上装至用电营业管理系统中。如发现电表抄录错误或数据录入错误,在数据未上装时,可在抄表器中进行修改。抄表机数据上传必须在抄表当日完成。

(3) 保存并发送流程。即保存抄表数据信息及发送流程。

(4) 结束。如上传时客户表计已经发生变更,此时同步后的新表抄表状态为未抄,需做补抄处理；抄表数据上传结束后及时进行抄表示数复核。

本地抄表数据上传操作界面及说明如图 4.3 所示。

### 4.1.3　现场抄表机抄表作业注意事项

(1) 抄表人员必须在计划抄表日当天到现场进行抄表。

(2) 抄表人员现场抄表时,应佩戴工作证件,遵守电力安全相关规程,严禁违章作业。

(3) 抄表时,应先认真核对抄表机内户号、电能表资产编号、倍率等相关参数与客户现场是否一致；对新装及用电变更客户,应核对并确认用电容量、最大需量、电能表参数、互感器信息,并记录现场发现的异常情况。

(4) 抄表现场应检查客户计量装置的运行情况,具体包括计量封印是否完整、齐全,计量装置是否存在烧毁、停走、失压、失流等异常现象,发现问题应填写《抄表异常记录单》,并联系相关部门及时处理。

(5) 在抄表现场如发现客户违约用电、窃电嫌疑、有信息（卡）无表、有表无信息（卡）、卡表信息不符等异常情况,做好现场记录,提出异常报告并及时报职能部门处理。

(6) 现场抄表一律采用抄表机红外抄表,同时进行电能表校时；抄表完成后必须逐项

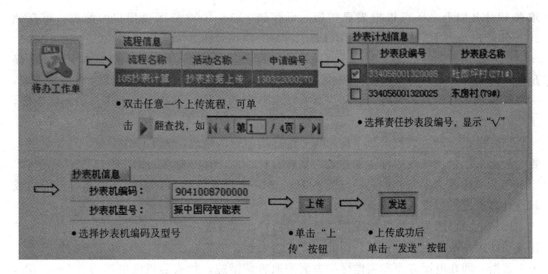

图 4.3 本地抄表数据上传操作界面及说明

核对，如红外抄录示数与电能表计度器示数不一致时，以现场抄见示数为准。

(7) 抄表必须保质保量，不得漏抄、违规估抄；确因特殊情况不能完成现场抄表的，应在 24h 内采取补抄措施。

(8) 居民抄表见面率必须达到 98% 以上，非居民抄表见面率必须达到 100%。

(9) 记录首次调入本抄表段客户的抄表位置，可根据实际情况调整抄表顺序。

## 4.1.4 抄表器的结构及主要功能介绍

本地抄表技术就是指计量仪表的数据是在表计运行的现场或本地一定范围内通过人工或自动方式获得。在现场抄表工作中，普遍采用的工具是抄表器。抄表器的硬件构成、主要功能和上位机的处理功能叙述如下。

### 1. 抄表器硬件构成

由于抄表器有流动性强，工作环境变化大的特点，所以对抄表器的硬件要求很高，既要工作绝对可靠，存储容量大、功耗低，又要轻便、耐用，便于随身携带和适应各种工作环境，尤其是抗摔打和耐低温方面要作特殊考虑。因此，在抄表器的制造上对外壳和液晶显示上都采用了特殊材料。一般抄表器的外形如图 4.4 所示。

抄表器的硬件主要由以下几部分构成：

(1) 中央处理器 CPU。一般抄表器的中央处理器都采用单片机。单片机具有体积小、功耗低、价格便宜等优点，适合于抄表器，现多采用 8051、8086、80186 等芯片。

(2) 存储器。它包括数据存储器 RAM 和程序存储器 EPROM 两部分。RAM 的容量一般要

图 4.4 抄表器外形

求在 128KB 以上，还可根据需要扩展，可存储 800～1000 户居民用户的数据，可存储 200～400 户动力用户的数据。EPROM 的容量一般在 64KB 以上。

（3）显示器。抄表器一般都需要显示较多的数据或信息，只显示一行基本上已不能满足使用的需要。另一方面又受体积的限制，因此它多采用较大的点阵式图形液晶显示器，一屏可显示多行信息，另外，它还应具有汉字显示的功能，以适应国内用户的实际需要，工作温度范围在 $-20～40℃$。

（4）键盘。键盘主要由数字键、符号键、功能键等组成。为了操作方便，功能键的设置一般都采用单功能专用键，如抄表、估抄、补抄、计算、检索、统计等。

（5）串行通信接口。抄表器都配有 RS-232 串行通信接口，能够方便地与上位机或其他计算机进行数据双向传输。

（6）电源监测与失电数据保持。抄表器由抄表人员随身携带，到千家万户去抄表，工作流动性大，条件也非常艰苦。因此，要求抄表器必须能够在强烈振动和落地的情况下不丢失数据，即在电源方面和失电保护方面采取特殊措施。抄表器供电电压为 2.7～3.6V，工作电流在 15mA 左右。

2. 抄表主要功能器

（1）抄表功能。抄表器在接受了上位机（电费管理系统计算机）的数据后，抄表员即可携带到现场进行抄表工作。抄表员可按程序固定的抄表顺序进行抄表，也可不按顺序自由选择抄表，按照下达的工作量逐户将电能表的计度器指示数输入到抄表器中。当完成了一天的工作任务后，抄表员将抄表器交到电费管理系统计算机房，即完成了抄表工作的全过程。

（2）计算功能。在抄录了电能表计度器指示数后，抄表器就自动地按照上位机给定的程序进行相应的计算，如可以计算出某一用户或所有已抄用户的用电量、电费等，且能够进行多种电价、电费的计算。

（3）估抄功能。使用抄表器后，取消了抄表卡片，并在抄表器键盘上设置了估抄键，抄表员若想根据用户的上月表示数估抄必须按此键，否则看不到上月表示数无法估抄、而按估抄键后，计算机就会自动在估抄数据上打一个估抄标志，回去后即可在上位机上检查出估抄用户数，统计出实抄率。

（4）纠错功能。抄表器一般都具有纠错功能。实现方法是在抄表器中设一个抄表数据变化允许值，抄表员输入抄表数据后，由计算机自动与用户上月表示数对比，扣除每月正常的用电量后，如超出变化允许值，计算机就会自动报警，提醒抄表员重新确认输入的抄表数据。

（5）统计功能。能够随时随地进行抄录户数、估抄户数、漏抄户数等数据的统计，以便使抄表员做到心中有数。

（6）检索功能。能够按照用户号码和电能表号码或其他关键字进行检索和查询。

（7）报警功能。当出现误操作、数据输入错误、电源电压过低、掉电等情况时均可进行显示和声响报警，以提醒抄表员注意。

（8）通信功能。一般都采用通信控制器来管理通信，可同时进行多台抄表器与上位机通信。

（9）设置密码功能。密码通常应包括开机密码和编程密码两种。开机密码主要用于确认抄表员的使用权限；编程密码一般用于判断抄表器的使用者是否有权对电能表进行参数设置。

### 4.1.5 上位机的处理功能

抄表器的上位机处理系统是由上位机硬件系统和专门为抄表器开发的一组程序构成，具有数据的分离、组合、类型转换，管理上位机与抄表器之间的数据通信，电能表故障的分析、统计、打印、数据恢复以及下传数据等功能，最基本的有以下五个功能。

1. 下传数据到抄表器

按抄表员要求，从用户电量电费数据库里任选几条街道建立下传抄表数据库，数据库中应包括表号、用户姓名、地址、电能表类型、抄表时间、上月费率数据、上月电能表状况（正常、异常）、本月费率数据、本月电能表状况等数据。每次下传的户数根据抄表器的容量和抄表员的工作量来定。

2. 回传数据到上位机

抄表器抄回来的本月指示数，按各用户的关键字编码代表号逐户回传到用户电量电费数据库中，回传时如果重复回传同一批数据，系统将报警，并拒绝回传，以防止回传数据的混乱。

3. 电能表故障统计

根据抄表器回传的故障情况（表丢失、表位变动、表玻璃损坏、表停转、表铅封丢失、表倒转、家中无人或更名、其他异常等）按街道进行统计，并可打印出抄表员的实抄户数和估抄户数。

4. 修改下传数据参数

抄表器中预置的电量上下限、平电价、管理费、附加费、日期等参数可以根据需要进行修改，以适应不同地区、不同用户的要求。

5. 数据恢复

在抄表器回传数据时，如果突然发生机器故障或掉电，那么在机器正常后，系统可将电量电费数据库中的数据恢复到回传前的状态，以便重新完成数据回传工作。

# 任务 4.2 远程抄表技术

### 4.2.1 远程抄表定义

电能计量是现代电力营销系统中的一个重要环节，传统的电能量结算是依靠人工定期到现场抄读数据，在实时性、准确性和应用性等方面都存在不足。而用电客户不仅要求有电用，而且要求用高质量的电，享受到更好的服务。因此提高电力部门电费实时性结算水平，建立一种新型的抄表方式已成为所有电力部门的共识。与此同时供电部门对防窃电技术也提出了更高的要求。

远程抄表方式是抄表人员在规定日期内通过各种远程（如采用电缆、光纤、电话、无线电、手机等通信手段）抄表方式，采集客户表计终端的电能表数据，并实时传送给核算环节的一种抄表方式。它以其数据处理速度快、数据准确、时效性强等优点，正在逐步取代其他抄表方式，成为供电企业首选的抄表方式。

### 4.2.2 远程抄表步骤

1. 远程抄表数据准备

抄表数据准备是指按抄表例日将抄表数据下装至抄表器中。其流程如下：

（1）抄表段数据准备。抄表段准备应在抄表日前24h内完成。偏远地区提前时间不得超过72h。关口抄表段数据与其他抄表段数据必须分别准备。

（2）流程发送。

1）根据抄表计划对抄表段数据准备，流程发送至"抄表数据下装"。

2）根据线损抄表计划对关口抄表段做数据准备，流程发送至"自动化抄表"。

（3）结束。数据准备后，抄表人员进行抄表数据下装，并通知相关部门在抄表期间不要安排该抄表段用户的电能表的拆装工作。

远程抄表数据准备操作界面及说明如图4.5所示。

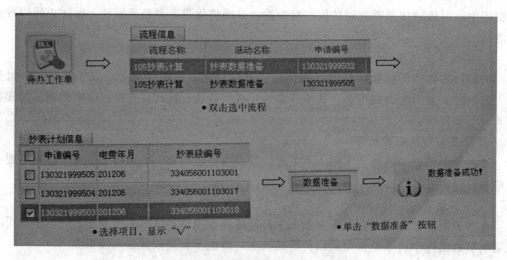

图4.5 远程抄表数据准备操作界面及说明

2. 远程抄表

远程抄表流程如下：

（1）获取数据。通过各种通信技术从具有远程自动抄表功能的电能表获取远程抄表数据。此数据应为计划抄表日当天获取的远程抄表数据。

（2）是否获取。远程抄表获取数据后，对数据获取失败的客户进行数据下装，现场抄表。采用系统远程抄表方式抄表的，应按规定周期对所有客户进行周期性现场核抄。

（3）数据上传。确认远程抄表数据获取后，进行数据上传。远程抄表数据应当日进行数据上传。

（4）打印并复核抄表数据。数据上传后，及时打印并复核抄表数据清单，要求抄表数据上传当日进行打印和复核。

(5) 保存并发送流程。抄表数据复核工作完成后，签字确认，并将流程发送至电费计算环节。

(6) 结束。远程抄表操作界面及说明如图 4.6 所示。

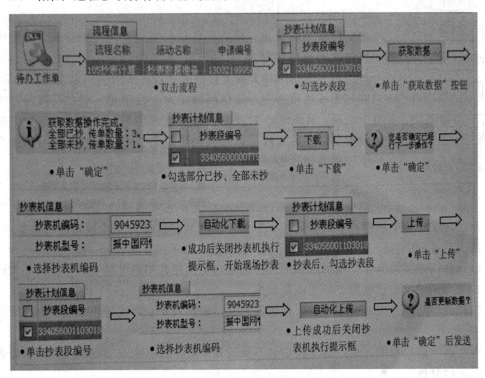

图 4.6　远程抄表操作界面及说明

## 4.2.3　远程自动抄表系统的基本组成

远程自动抄表系统是一种不需要人员到达现场，利用特定的通信方式将用户处的电能表所记录的各种数据传送到远程主控站的计算机网络中，并由软件对数据进行统计、分析和计算的系统。该系统的英文名称为 Remot Automatic Meter Reading System。

远程自动抄表系统是新兴的、先进的抄表方式，融合了当今最先进的计算机和通信技术，并随着通信技术系统的硬件和软件不断发展而更新。因此可以说它是一项发展中的技术。原则上并没有相对固定的方式和概念，在实际应用中通常是多种通信技术的综合使用，以达到最理想的目标。远程自动抄表系统种类很多，其系统原理框图如图 4.7 所示。

1. 具有自动抄表功能的电能表

它是最基本的，也是最末端的设备，要求其具备自动抄表的功能。电子式电能表本身就具备这个功能，而目前普遍应用的感应式电能表则需要加上转换装置后，才可以在该系统中应用。

2. 采集器

采集器的作用是将多台电能表连接起来，一般为十几台或几十台，将电能表传来的数

图 4.7 远程自动
抄表系统

据准确接收、累计、存储，在需要时将数据以某种方式向上一级发送。

采集器内部有充电电池作为后备电源，其作用是在供电线路停电的情况，由每个采集器的电池单独向采集器和电能表供电，不会影响采集器正常抄收工作。

3. 通信网络

通信网络也叫信道，即数据传输的通道。从集中器看，从集中器到主控站之间通信规定为上行信道，从集中器到采集器之间通信规定为下行信道。通信网络 2 为上行信道，目前使用的信道主要有电话网、电力网、无线通信网等。通信网络 1 为下行信道，目前使用的信道主要有电力网、RS－485 总线网、有线电视网等。自动抄表系统中涉及的两段通信网络，每段可以相同也可以完全不一样，因此可以组合出各种不同的自动抄表系统。

4. 集中器

集中器是整个系统的核心单元，它能够接收主控站命令，依次抄收并储存各采集器中数据，然后，通过一定的传输介质将数据传至主控站进行数据处理。集中器应具备 RS－485 接口和电话线接口。它应具有以下主要功能：

（1）数据采集和储存。根据设定的抄读间隔自动采集各用户电能表的数据，并能储存两个抄表周期的各用户电能表的用电量数据。

（2）设置功能。当地或远方设置抄读间隔及自动抄表日，兼有防止非授权人员操作的功能。

（3）远程监控功能。集中器支持后台系统远程实时监控电能表运行情况，对电能表运行情况进行分析。

（4）校时功能。集中器具有计时单元，可被后台系统校时，计时单元的日计时误差不大于±3s/d。

（5）通信功能。具有与各采集器和主控站远方通信的功能。

（6）自诊断和异常信息记录功能。可自动进行系统自检，集中器通信中断时，记录中断时间（月、日、时）。

5. 调制解调器

调制解调器（调制/解调器）是一类通信设备的统称，英文简称 Modem（modulator-demodulator 的缩写）。其作用是调制接收的数字信号并将其转化为模拟信号，然后在专线上有效地传输；同时还可以解调从电话线传来的模拟信号，将其转化成数字信号后进行传输。调制调解器充当了数字信号和模拟信号之间"翻译"的角色，它实现了基于数字信号的计算机与基于模拟信号的专线系统之间的连接，完成了一个从调制到解调的过程。

6. 主控站计算机数据处理系统

主控站计算机数据处理系统是由工作站和相应软件构成，典型的抄表软件应具有以下主要功能：

（1）远程设置集中器运行参数。

（2）抄收整个系统中所有电能表的数据。

（3）主控站可远程对用户电能表进行送、断电控制。

（4）运行数据库，生成电量日报、月报，进行电费结算。

（5）对异常用户警告。

## 4.2.4 常用的四种远程自动抄表方式

远程自动抄表系统是比较复杂的，但我们可以将远程自动抄表系统进行大致的分类。远程自动抄表系统从通信介质上划分，可以分为有线远程自动抄表系统和无线自动抄表系统；从通信方法上划分，可分为载波远程自动抄表系统和总线式远程自动抄表系统。目前应用相对较多的远程自动抄表系统有四种。

1. 载波远程自动抄表系统

（1）载波自动抄表系统的媒介。载波自动抄表系统的媒介可以有低压电力线、双绞线、同轴电缆等，在自动抄表方案中，电力线载波自动抄表系统的成本最低，可最大限度地发挥电力系统的优势。

载波抄表是利用高频信号在电力线上进行传输来实现的。其基本原理是：在发送数据时，先将数据调制到高频信号上，经功率放大后耦合到电力线上。此高频信号经电力线路传输到接收方，接收机通过耦合电路将高频信号分离，滤去干扰信号后放大，再经解调电路还原成二进制数字信号。

影响电力线载波传输质量主要有两个因素：

1）电力网络的阻抗特性及其衰减。它制约着信号的传输距离。低压电力线一般采用铜或其他导电良好的导体制造而成，其本身的阻抗较小，对不同频率的信号其阻抗略有变化，但相对稳定。因此，电力线本身的阻抗不是造成载波信号衰减的主要原因。而在低压配电网中，并联许多不同性质的负荷，负荷情况是千变万化的，负荷不断的接入、切除，电器时开、时关等各种随机事件，使信道特性复杂且具有很强的时变性，很难用准确的数学模型加以表征。因此，低压配电网并联负荷的多少、负荷性质和发送耦合电路的内阻是造成载波信号衰减的主要原因。

2）噪声的干扰。它决定着数据传输的质量。低压电力线上的干扰噪声主要有脉冲噪声、白噪声、串音等。脉冲噪声是外来因素干扰造成的，主要是由雷电、大负荷投切、配电变压器和用户装置产生。产生脉冲噪声的用户装置有交直两用电机、带有可控硅的调压装置、电视接收机及计算机等。噪声脉冲会以某种方式干扰正在线路上传送的数据。白噪声（也称热噪声）在通信线上始终存在，噪声大小与通信介质的温度成正比。白噪声始终存在对线路上传输的数据同样产生干扰。串音是由两根通信线相互干扰所产生，一根通信线上信号强就会干扰另一根通信线上的信号。存在于电力线上的诸多干扰噪声会使载波信号的信噪比急剧下降，导致载波信号难以在电力线上可靠传输。

（2）扩频载波通信技术基本原理。目前，为了实现在低压电力线上可靠传输数据，主要采用扩频载波通信。扩频载波通信有多种方式，如直序扩频、跳频等。无论哪种扩频方式，都可用信息论的基本观点加以说明。香农（Shannon）在其信息论中得到如下有关信道容量的公式：

$$C = W\log_2(1 + P/N)$$

式中　$C$——信道容量；

　　　$P$——信号功率；

　　　$W$——频带宽度；

　　　$N$——白噪声功率。

　　这个公式的含义是在给定的信号功率 $P$ 和白噪声功率 $N$ 的情况下，只要采用某种编码系统，就能以任意小的差错概率，以接近于 $C$ 的信道容量来传送信息。从这个公式可以看出，在保持信道容量 $C$ 不变的情况下，可以用不同频带宽度 $W$ 和信噪功率比 $P/N$ 来传输信息。换而言之，频带 $W$ 和信噪比 $P/N$ 是可以互换。如果增加频带宽度，就可以在较低的信噪比的情况下，用相同的信道容量以任意小的差错概率来传输信息。甚至在信号被噪声湮没的情况下，只要相应地增加信号带宽，也能保持可靠地通信。

　　扩频通信是指用来传输信息的信号带宽远远大于信息本身带宽的一种通信方式。其解调过程是由接收信号和一个与发送端扩频码同步的信号进行相关处理来完成的。扩频通信的好处在于可用较大的带宽换取较小的信噪比，即较小的信号功率，这时，系统表现出较好的抗干扰性，从而使强噪声环境下的通信质量得以改善。这种"用带宽换功率"的措施特别适合电力线载波通信。扩频系统还具有抗衰减能力强的特点，由于信号带很宽，当由于某种原因引起信号衰减时，只会使一小部分频谱衰减，而不会使整个信号产生严重畸变。

　　(3) 低压电力线扩频载波自动抄表系统。

　　1) 系统组成。低压电力线扩频载波自动抄表系统主要由电能表、数据采集器、集中器、主控站和通信信道组成。其中下行通信为电力线载波，上行通信为电话线。系统原理框图如图 4.8 所示。

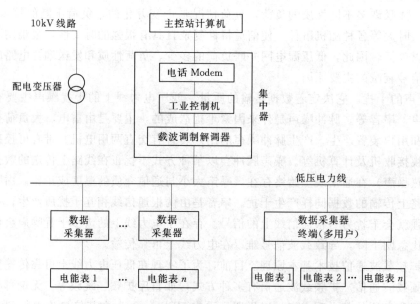

图 4.8　低压电力线扩频载波远程自动抄表系统原理框图

主站计算机对整个系统进行管理，通过管辖下的集中器可以随时调用系统内任一电能表数据，并对数据进行处理，同时可以对系统内设备发出各种指令。

集中器是整个系统的桥梁。它一方面接收来自于主控站的各种操作命令并下传至数据采集器；另一方面，将数据采集器的各种信息回传到主控站计算机中，同时储存所管辖电能表的数据和有关参数，并具有定时抄收数据采集器（表计）数据，实时监控数据采集器的工作状态等功能。

数据采集器主要由中央处理单元、数据采集存储单元、载波调制解调单元组成。它的作用是对用户电能表的脉冲进行数据采集处理，接收来自集中器发来的各种操作命令，向集中器回送电能表数据，对违章、欠费用户实施警告和控制。

2）系统主要功能包括：①定时抄表功能，对系统所有电能表进行定时抄表，抄表时间及抄表次数可设置，并保留末次抄表数据；②实时抄表功能，实时抄收任一当前数据及状态；③自动校时功能，定时抄表时自动校正系统内各装置的时间；④预付费控制功能，当用户发生欠费或违章用电时可切断电源；⑤电能表监测功能，当电能表或脉冲线发生故障时，系统能自动提示；⑥线损分析功能，实时对线损进行准确在线计算；⑦系统管理功能，对通信、费率等参数进行设置，对回收数据进行统计、分析、查询、备份、报表等。

2. 无线远程自动抄表系统

（1）系统组成。该系统是利用无线数字通信技术、单片机技术及计算机应用技术，集脉冲电能表的数据采集、传输、处理于一体的自动抄表系统，是以星形网络采集电能表的数据和纵线网络结构共享电台的二重网络形式的无线远程自动抄表系统。整个网络系统分为三部分，其原理框图如图 4.9 所示。

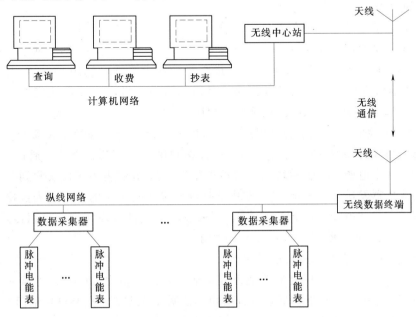

图 4.9　无线远程自动抄表系统原理框图

1）数据采集部分。由采集器和与之连接的脉冲电能表连接而成。采集器为"一拖四"，即一个采集器连接四个脉冲电能表，实时采集脉冲电能表的数据。

2）纵线网络与收发电台。纵线网络将相邻的采集器连成一个纵线局域网，每个局域网上连接一个带网络接口的电台。该局域网通过无线电台进行远程通信。

3）抄表主控站。抄表主控站由中心计算机、中心电台和天线构成。

（2）系统工作原理。数据采集器根据发送指令将脉冲电能表输出的脉冲数，通过纵线网络与收发电台，经无线通信将数据传输至抄表主控站，即可获得抄录到的电能表信息，再由计算机对数据进行整理工作。

（3）系统功能。

1）抄表自动化。系统完全实现表底数据自动化采集，无需人工现场干预，提高了工作效率和工作质量，提高了经济效益。

2）便于峰、谷电价的执行。该系统能够按时段采集电能表的电量数据，为执行峰、谷电价，核算峰、谷电量提供了技术手段。

3）便于用电营业分析。该系统能够迅速准确地采集电能表的实时电能数据，可以利用计算机对用户的用电量和使用电力情况随时进行分析，随时掌握用户的用电量和负荷率，提高了用电营业管理水平；同时，可通过对负荷曲线和电量棒图的分析，及时发现电能表故障及其发生的准确时间，为追补电量提供了准确的依据。

4）提高了电量电费的现代化管理水平。远程无线自动抄表系统通过局域网实现与电力营销信息管理系统中的电量电费子系统、银电联网电费划拨系统的接轨，形成一套完整的用电抄、核、收一体化无人或少人干预体系。

5）实现同步抄表。有利于线损计算，避免因抄表不同步造成线损计算不准。

3．GSM 远程自动抄表系统

近年来，随着全球移动通信系统（Global System For Mobile Communication）GSM的迅速普及，短消息服务业务（Short Message Service）SMS 作为 GSM 网络的一种基本业务日趋成熟。将 GSM/SMS 技术应用于远程自动抄表系统，利用 SMS 短消息服务业务，以 GSM 通信系统作为无线传输网络，其占用系统资源少，建网速度快，投资费用少，将会提高远程自动抄表系统的经济效益和社会效益。

GSM 远程自动抄表系统主要由用户端、主控站、GSM 通信系统三大部分组成。

GSM 远程自动抄表系统工作原理为：主控站利用无线调制解调器，通过 GSM 无线网络，分别向各个电能表抄表模块发送"抄表短消息"，电能表抄表模块收到"抄表短消息"后，向集中器发送"抄表指令"，集中器抄读各采集器采集的各电能表数据，然后将电能表数据组织成"电能表读数短消息"，再通过电能表抄表模块把信息回传给主控站。GSM 远程自动抄表系统原理框图如图 4.10 所示。

GSM 远程自动抄表系统具有以下特点：

（1）系统运行可靠。与现有的其他远程自动抄表系统相比，该系统可靠性、抗干扰性、稳定性、可维护性、功能扩展性等方面均具备明显的优势，只要电信部门 GSM 网能正常工作，系统就能正常工作。

（2）系统覆盖范围大。在国内 GSM 网能覆盖到的范围内，均可实现 GSM 远程自动

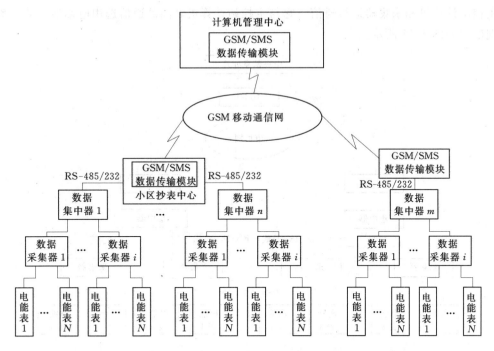

图 4.10 GSM 远程自动抄表系统原理框图

抄表。

4. RS-485 总线方式的远程自动抄表系统

(1) RS-485 的特点。RS-485 是美国电子工业协会（EIA）在 RS-422 标准基础上推出的一种国际性开放式现场总线数据传输标准，是采用串行二进制数据交换的数据终端设备和数据传输设备之间的平衡电压数字接口，其特点如下：

1) 采用平衡发送和差分接收方式实现通信。

2) 通信协议可任意设定，具有较优好的灵活性。

3) 接口采用半双工型，电路结构简单。

4) 能实现多点互连，每条总线上的节点达 128 个。如果节点大于 128 个，需加中继器。

5) 通信速度比较快。通信距离为 1200m 时，通信速度可达成 100kbps；通信距离为 100m 时，通信速度可达成 12Mbps。

6) 通信介质为双绞线。

7) 每帧信息都可以加 CRC 校验，增强了通信的可靠性。

8) 网络拓扑一般采用终端匹配的总线式结构。由于 RS-485 总线的速度比较快、可靠性好、价格便宜，已广泛地应用在许多领域。

(2) 系统组成和工作原理。RS-485 总线方式的自动抄表系统主要由电能表、采集器、RS-485 总线网、集中器、Modem、市话网和主控站计算机组成。系统工作原理是电能表实时地测量和记录电量参数数据，并通过 RS-485 通信接口完成数据的发送，采集器与集中器之间传输介质为双绞线，数据通过 RS-485 总线网高速传输，集中器负责与主控站计算机和采集器进行通信。它与主控站计算机之间的通信选用电话线方式。系统原理框图如图4.11所示。

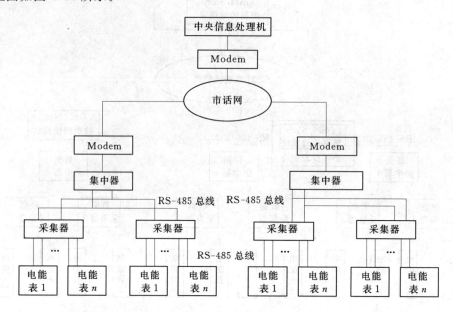

图 4.11 RS-485 总路线方式的远程自动抄表系统原理图

总线式抄表系统的缺点可从它的结构模式中明显看出：需要铺设另外的通信信道，前期投资较大；通信信道易受人为损坏，且难以很快找到故障点，因此运行维护的工作量和费用非常大，只能通过对通信线路加装额外的防护措施来提高运行寿命；同时也应对总线式抄表系统采取防雷击措施。

# 任务 4.3  电力负荷控制技术

## 4.3.1  负荷控制技术发展概况

对电力负荷进行控制是伴随着电力工业的产生和发展而同时出现。1897年约瑟夫若丁取得了一项英国专利，用不同电价鼓励用户均衡用电。1913年都德尔等三人提出了把200Hz/10电压叠加在供电网线路上去控制路灯，这是最早的音频控制方法。1931年韦伯提出了用单一频率编码的专利，这是现在广泛采用的脉冲时间间隔码的先导。

电力负荷控制技术首先是在欧洲得到广泛应用。英国在20世纪30年代即开始音频电力负荷控制技术的研究。第二次世界大战后，这种音频电力负荷控制技术在法国、联邦德国、瑞士等国家得到广泛应用。日本从60年代开始注意研究负荷控制技术，从欧洲引进制造技术，到70年代已广泛安装使用了音频脉冲控制装置。美国从70年代开始重视负荷控制技术的发展，不仅从西欧引进了音频电力负荷控制系统设备的制造技术，而且着手研究和发展无线电力负荷控制技术。从70年代后期开始，美国还研制和使用了电力线载波负荷控制技术。目前世界上已经有几十个国家使用了各种不同电力负荷控制系统。

我国在计划用电和电力供需矛盾十分突出的情况下，电力负荷控制技术的研究和应用问题开始引起重视。1977 年底我国开始了电力负荷控制技术的研究和应用工作。这一过程大致可分为三个阶段。1977—1986 年为探索阶段，研究了国外电力负荷控制技术所采用的各种方法，并自行研制了音频、电力线载波和无线电控制等多种装置。同时从国外引进一批音频控制设备安装在北京、上海、沈阳等地。1987—1989 年是有组织的试点阶段，主要开发国产的音频和无线电力负荷控制系统，分别在济南、石家庄、南通和郑州等城市安装使用，都获得了成功。在试点成功的基础上，1989 年年底在郑州召开了全国计划用电会议，要求首先在全国直辖市、省会城市和主要开放城市重点推广应用，然后在所有地（市）级城市中全面推广。从 1990 年开始进入了全面推广应用电力负荷控制系统阶段，至 1996 年上半年，全国已有 180 个地（市）级城市供电系统规模不等地安装了负荷控制系统，还有少数县级城市也开展了这项工作。

## 4.3.2　应用电力负荷控制技术的目的

　　电能是当今社会最重要的能源。供电企业在向社会提供电能的同时，应保持电力系统发电、供电、用电的平衡，这是电网安全、经济运行的重要保证。电力负荷控制技术就是为实现这一目标所采取的有效技术措施。

　　电力系统电力、电量的平衡，受到各种因数的影响（如用户用电的随机性等），具有明显的动态性。为了实现这种动态平衡，电力系统往往需要提供足够的备用容量，以适应电力用户高峰时段的用电需求，这将增加电力工程的投资。而在用电的低谷时段，一些发、供电设备又要退出运行，这显然影响了电力工程投资的效益。所以电力负荷控制的主要目的就是改善电网负荷曲线的形状，使电力负荷较为均衡，以提高电网运行的经济性、安全性和提高投资效益。

　　负荷控制可以采用经济手段。例如，按用户用电的最大需量，或对峰谷时段的用电量，按不同的电价进行收费，来引导用户削峰填谷；也可以采用技术手段，在用电高峰时切除一部分可间断的供电负荷。前者称为间接控制，后者称为直接控制。负荷控制可以对用户的负荷按照改善负荷曲线的要求，由分别装设在各用户处的定时开关、定量器等装置进行分散控制；也可由负荷控制中心按改善负荷曲线的需求，通过某种与用户联系的控制信道和装设在用户处的终端装置，对可间断的用电负荷进行集中控制。

## 4.3.3　电力负荷控制技术的常用术语

　　（1）电力负荷控制装置。能够监视、控制地区和用户的电力、电能的各类仪器和装置。

　　（2）集中型负荷控制系统。控制中心通过各种信道，将各种负荷控制指令传送到安装在各个用户端的负荷控制装置上，直接控制用户用电设备的控制系统。

　　（3）分散型负荷控制装置。安装于用户配、变电站或用电设备，按预先设定的定值、时段和时间程序，完成各种当地控制任务的装置，如分散式定量器、电力测控仪、开关钟等。

　　（4）日负荷率。指系统日平均负荷与日最高负荷之比值，用百分数来表示。

（5）调峰。指调整电力系统各发电厂在不同时间的发电出力，以适应由各用负荷户组成的系统用电总负荷在不同时间的需要。

（6）调荷。指调整用户的用电负荷和时间，使系统的用电需要和系统的发电出力相适应。

（7）遥控。指通过某种传输方式，远距离控制被控对象完成各种操作，在电力负荷控制中，常用于对用户的被控回路进行遥控跳/合闸。

（8）遥测。指通过某种传输方式，对远方某物理量进行测量和数据采集，在电力负荷控制中，常用于对用户的电力（包括负荷、电能、电压、电流等）数据进行测量和采集。

（9）遥信。指通过某种传输方式，对远方某对象的状态进行监视和采集，在电力负荷控制中，常用于对用户的被控开关的闭、合状态进行监视和采集。

（10）巡测。控制中心按预定顺序依次对系统内各双向终端采集数据的收集。

（11）召测。控制中心对一个或部分双向终端所采取的一个或多个数据的收集。

（12）电力定值。在某一时段内分配给用户的电力的限值，通常又分功率定值和电量定值。

（13）时段。指按某种约定划分的时间段，在电力负荷控制中，通常按系统负荷的峰、谷、平持续的时间把全天 24h 分为峰段、谷段和平段。

（14）功率控制。为负荷控制装置的一种本地控制功能，指当用户用电负荷超过所给定的功率定值时，负荷控制装置按设定程序对用户被控回路的控制。

（15）电量控制。为负荷控制装置的一种本地控制功能，指当用户用电量超过所给定的电量定值时，负荷控制装置按设定程序对用户被控回路的控制。

（16）广播对时。控制中心同时对全体用户终端发布的当前时间信息。

（17）终端地址。指每一个集中型负荷控制装置内部所设定的，供控制中心识别的终端地址编码。

（18）公共地址。指每一个集中型负荷控制装置响应控制中心广播命令的地址编码。

### 4.3.4 无线电力负荷控制系统的构成

无线电力负荷控制系统是一种利用无线电波来传送电力负荷控制信号的系统，具有方便、灵活、投资少、见效快等优点。一个无线电力负荷控制系统的构成如图 4.12 所示。

无线电力负荷控制系统主要由负荷控制中心（主控站）、各类用户终端、中继站等组成。

无线电力负荷控制系统工作原理：负荷控制中心是系统的命令发布中心和数据采集中心，它所发出的各种控制命令和查询命令，经无线通道直接传送到被控制终端。对单向控制终端而言，负荷控制中心可通过遥控跳闸方式或定量控制方式控制各种电气设备。对双向控制终端，负荷控制中心可定时发出巡检命令，逐站收集用户的用电量和有功、无功电力等数据，也可发布控制命令，执行与单向控制终端相同的操作。对于一些被控区域过大或地形较复杂的地区，还需要若干个中继站，中继站起信号中继的作用，使系统控制的距离更远。现在可采用通过手机短信服务和 GPRS 等新技术实现更行之有效的通信连接。

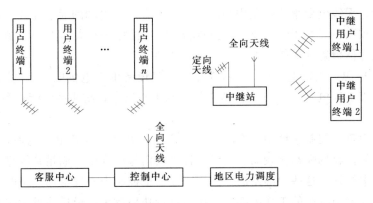

图 4.12　无线电力负荷控制系统原理框图

1. 控制中心的设备配置及作用

控制中心设备主要包括服务器、工作站（后台机）、前置机、打印工作站和 UPS 电源等。为了提高系统的可靠性，配置两台前置机，信道互为备用。当某个通信口出现故障时，工作机自动记忆并转换给后备机相应原信道发送，即故障智能切换，也可以进行人工切换。

控制中心结构原理框图如图 4.13 所示。

（1）服务器。服务器是网络运行、管理、服务的中枢。它监视网络工作状态，一旦前置机脱机，它将会鸣声报警，同时统计很多负控记录，以年月日为文件名布盘。

（2）工作站。工作站是提供所有针对用户终端操作命令的平台，要求具有良好的速度性。

（3）前置机。前置机主要负责无线通信及实时数据采集，并将数据传送到服务器。前置机与终端的通话是由网上工作站发出通话投入命令，实现与某终端点对点通话。当网络出现故障时，前置机可独立运行，收集数据，以保证数据不丢失。

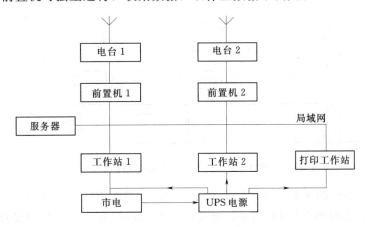

图 4.13　控制中心原理框图

（4）打印工作站。打印工作站具有各种综合报表生成和打印功能，能把收集的数据进行计算和统计生成各种报表，并打印出来。

（5）电台。无线电台承担控制中心对系统内所有用户终端的通信任务，必须要有连续工作的能力和较高的性能指标。发射机输出功率一般要求不大于 25W，在特殊情况下，或者在其直接通信覆盖区域较大的地方，可以达到 50W。

（6）UPS 电源。当市电工作时，控制中心电气设备由市电供电，市电同时给 UPS 电源浮充电；在市电停电时，UPS 电源负责给控制中心供电，防止系统瘫痪和数据丢失。

### 2. 中继站

在无线电力负荷控制系统中，有时由于通信距离太远，或者由于地理条件比较恶劣，使得这些地方的接收场强都比较弱。为了保证接收信号的强度，满足系统组网要求，就需要设置若干个中继站，这些中继站的作用一方面是把控制中心发给用户站的信号进行接收解调，并调制成该中继区的工作频率，然后再进行功率放大，最后通过天线发射出去供控制中心所不能直接覆盖的用户站进行接收处理；另一方面它可以对控制中心所不能直接覆盖的用户站的回传信号进行接收解调，并调制成控制中心的接收频率，然后再通过功率放大，通过天线发射出去供控制中心接收处理。

### 3. 双向控制终端

双向控制终端主要用于需要采集和返回用电数据的用户配、变电站。双向终端不仅可以接收控制中心的遥控命令，按照控制中心发来的计划用电指标实现当地功率控制和电量控制，而且也可将用户配、变电站的用电情况返回给控制中心。这样既能够完成各种控制功能，保证计划用电指标的贯彻实施，又便于掌握用户用电情况和终端本身的运行工作情况，提高我们的管理水平。双向终端主要由电台、主控板、显示板、I/O 接口及电源等组成，原理框图如图 4.14 所示。

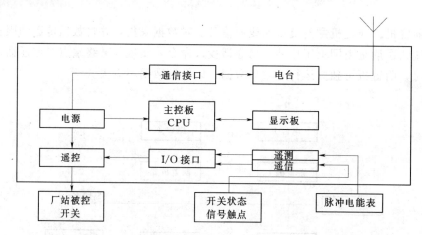

图 4.14 双向控制终端原理框图

（1）电台。电台的主要工作是接收和发送数据，采用 FM - 2FSK 制。电台的接收过程：主台发送无线调频（FM）信号，经接收机鉴频器解调后变成频率键控（2FSK）信号，然后由 FSK 解调电路还原为数据信号，经接口电路送至主控板。电台发送过程：主控板的数据信号经接口电路板送至发射机，先由 FSK 调制电路变成频率键控（2FSK）信号，再经发射机调频电路调制成调频（FM）信号后，以足够的发射功率向主台发送。

（2）主控板。主控板采用先进的单片机芯片，并配有大容量的 ROM 和 RAM，串行通信接口，遥控输出、脉冲输入、开关量输入接口，A/D 变换等电路。

（3）显示板。有数字显示、汉字显示，有的终端还结合所显示的内容开发语音提示功能。

（4）电源。终端电源部分主要作用是将 220V 交流电变成机内各所需的直流电，一般为 5V 和 ±12V 三种电压等级。5V 输入电压供主控板电路使用，±12V 用于驱动输出继电器、脉冲采样、遥信、遥测电路和供电台使用。

（5）I/O 接口。I/O 接口主要作用是将由监控对象所引入的遥控、遥测、遥信、脉冲等信号，经光电隔离或电子转换与主控板连接，去完成各自功能。

### 4.3.5　电力负荷控制系统的基本功能

1. 遥测功能

（1）自动巡测。每日正点自动召测系统中各远方终端（RTU）的有关数据，并存入数据库中；每日定时自动召测系统中各远方终端保存的昨日数据，并存入数据库中；每月定时自动召测系统中各远方终端保存的上个月数据，并存入数据库中。

（2）人工召测。随时召测远方终端所采集的当前各种数据，或补召巡测中通信失败的远方终端数据。

2. 遥控、遥信功能

（1）遥控拉闸或允许合闸。

（2）功率控制的投入和解除。

（3）电量控制的投入和解除。

（4）以一次接线图的方式显示召测用户开关的开闭状态。

3. 远方终端的当地闭环控制功能

（1）控制定值的设置。功率控制的时段及各时段定值的设置；日电量、月电量定值的设置；定值浮动系数的设置。

（2）远方终端的保电与控制剔除的设置。

（3）远方终端在功控、电控时可跳开开关的轮次设置。

4. 系统参数设置功能

（1）电压、电流互感器变比设置，电压上下限设置，脉冲电能表常数及电能表地址的设置。

（2）开关通信触点的常开、常闭属性设置。

（3）远方终端的分组公用地址的设置。

（4）电量峰、谷、平时段的设置。

5. 系统操作功能

对时操作，允许/禁止通话的操作，对远方终端复位操作，正点巡测开放/关闭操作。

6. 用电管理功能

（1）远方抄表及电费结算。利用 RTU 的 RS-485 接口抄取计费表的电能数据，控制中心可远方抄读，并利用控制中心与电费结算系统联网供营业部门调用结算电费。

（2）利用 RTU 监测用户电压互感器的电压和电流互感器的电流或远方抄表中的断相信息，可远方集中监测断相状况。

（3）利用 RTU 对地方小电厂实施监控，使之按电厂要求发电或以热定电，使电网发挥更大的经济效益。

（4）与调度系统、MIS 系统、上级电网企业供电公司用电处、经济贸易委员会有关部门等联网，实施数据共享。

7. 统一管理功能

（1）用户档案生成，用户地址、用户名、所属变电站、终端类型、投运与否等。

（2）采用多种方法实现对用户终端（包括对中继站选址）的选择功能。

（3）以作图方式生成用户一次接线图，以便查看遥信状态及其他数据。

8. 中继站控制功能

主、备机遥控切断、中继站转发与否、设定中继站自动切换判别指标及中继站数据、工作状态及切换事件。

9. 查询功能

（1）终端查询功能，包括指标（功控、电控指标，时段），各种设定参数，功控、电控投入与否，轮次定义、保电、剔除状态、终端时钟、停送电记录、跳闸（含跳闸性质、跳闸轮次、跳闸前后功率或电量等）记录等查询。

（2）管理中心查询功能，包括日数据、月数据、功率曲线、电量棒图、系统日曲线、行业日曲线、操作记录、用户档案等查询。

10. 报表生成、打印功能

每日生成各种数据日报表，每月生成各种数据月报表并打印出来。

# 任务4.4 智 能 家 居

## 4.4.1 智能家居的定义

智能家居是以住宅为平台，利用综合布线技术、网络通信技术、安全防范技术、自动控制技术、音视频技术将家居生活有关的设施集成，构建高效的住宅设施与家庭日程事务的管理系统，提升家居安全性、便利性、舒适性、艺术性，并实现环保节能的居住环境。

智能家居集成是利用综合布线技术、网络通信技术、安全防范技术、自动控制技术、音视频技术将家居生活有关的设备集成。由于智能家居采用的技术标准与协议的不同，大多数智能家居系统都采用综合布线方式，但少数系统可能并不采用综合布线技术，如电力载波，不论哪一种情况，都一定有对应的网络通信技术来完成所需的信号传输任务，因此网络通信技术是智能家居集成中关键的技术之一。安全防范技术是智能家居系统中必不可少的技术，在小区及户内可视对讲、家庭监控、家庭防盗报警、与家庭有关的小区一卡通等领域都有广泛应用。自动控制技术是智能家居系统中必不可少的技术，广泛应用在智能家居控制中心、家居设备自动控制模块中，对于家庭能源的科学管理、家庭设备的日程管理都有十分重要的作用。音视频技术是实现家庭环境舒适性、艺术性的重要技术，体现在音视频集中分配、背景音乐、家庭影院等方面。

　　智能家居又称智能住宅，通俗地说，它是融合了自动化控制系统、计算机网络系统和网络通信技术于一体的网络化智能化的家居控制系统。智能家居将让用户有更方便的手段来管理家庭设备，例如，通过家触摸屏、无线遥控器、电话、互联网或者语音识别控制家用设备，更可以执行场景操作，使多个设备形成联动；另一方面，智能家居内的各种设备相互间可以通信，不需要用户指挥也能根据不同的状态互动运行，从而给用户带来最大程度的高效、便利、舒适与安全。

### 4.4.2　智能家居控制系统工作原理和结构图

　　智能家居控制系统听起来较为复杂，图 4.15 和图 4.16 为结构图和原理图，以便了解智能家居控制系统的原理以及它到底是怎样为我们服务的。

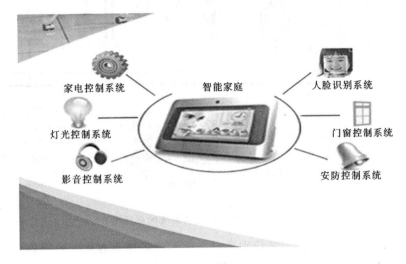

图 4.15　智能家居控制系统的结构图

　　智能家居控制系统是由各个子系统通过网络通信系统组合而成的。使用者可以根据需要，减少或者增加子系统，以满足需求。智能家居控制的所有设备可以通过手机、平板电脑、触摸屏等人机接口进行操作，非常方便。

### 4.4.3　国内现状

　　智能家居最初的发展主要以灯光遥控控制、电器远程控制和电动窗帘控制为主，随着行业的发展，智能控制的功能越来越多，控制的对象不断扩展，控制的联动场景要求更高，其不断延伸到家庭安防报警、背景音乐、可视对讲、门禁指纹控制等领域，可以说智能家居几乎可以涵盖所有传统的弱电行业，市场发展前景诱人，因此和其产业相关的各路品牌不约而同加大力度争夺智能家居业务，市场渐成春秋争霸之势。

　　智能家居作为一个新生产业，处于一个导入期与成长期的临界点，市场消费观念还未形成，但随着智能家居市场推广普及的进一步落实，培育起消费者的使用习惯，智能家居市场的消费潜力必然是巨大的，产业前景光明。正因为如此，国内优秀的智能家居生产企

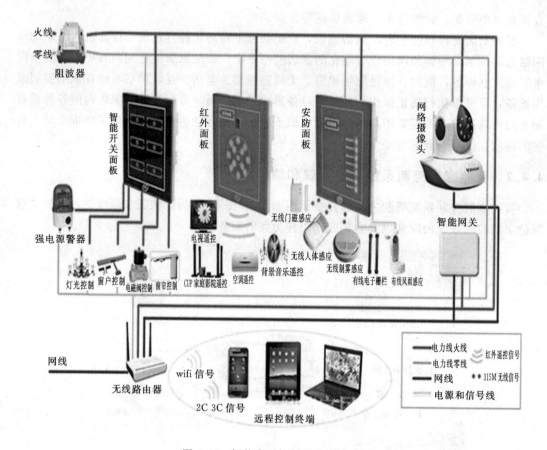

图 4.16 智能家居控制系统的原理图

业愈来愈重视对行业市场的研究，特别是对企业发展环境和客户需求趋势变化的深入研究，一大批国内优秀的智能家居品牌迅速崛起，逐渐成为智能家居产业中的翘楚。智能家居至今在我国已经历了近12年的发展，从人们最初的梦想，到今天真实地走进我们的生活，经历了一个艰难的过程。

智能家居在我国的发展经历的四个阶段，分别是萌芽期/智能小区期、开创期、徘徊期、融合演变期。

1. 萌芽期/智能小区期（1994—1999 年）

这是智能家居在中国的第一个发展阶段，整个行业还处在一个概念熟悉、产品认知的阶段，这时还没有出现专业的智能家居生产厂商，只有深圳有一两家从事美国 X-10 智能家居代理销售的公司从事进口零售业务，产品多销售给居住国内的欧美用户。

2. 开创期（2000—2005 年）

国内先后成立了五十多家智能家居研发生产企业，主要集中在深圳、上海、天津、北京、杭州、厦门等地。智能家居的市场营销、技术培训体系逐渐完善起来，此阶段，国外智能家居产品基本没有进入国内市场。

3. 徘徊期（2006—2010 年）

2005 年以后，由于上一阶段智能家居企业的野蛮成长和恶性竞争，给智能家居行业带来了极大的负面影响：包括过份夸大智能家居的功能而实际上无法达到这个效果、厂商只顾发展代理商却忽略了对代理商的培训和扶持导致代理商经营困难、产品不稳定导致用户高投诉率。行业用户、媒体开始质疑智能家居的实际效果，由原来的鼓吹变得谨慎，市场销售也几年出来增长减缓甚至部分区域出现了销售额下降的现象。2005—2007 年，大约有 20 多家智能家居生产企业退出了这一市场，各地代理商结业转行的也不在少数。许多坚持下来的智能家居企业，在这几年也经历了缩减规模的痛苦。正是在这一时期，国外的智能家居品牌却暗中布局进入了我国市场，而活跃在市场上的国外主要智能家居品牌都是这一时期进入我国市场的，如罗格朗、霍尼韦尔、施耐德、Control4 等。国内部分存活下来的企业也逐渐找到自己的发展方向。

4. 融合演变期（2011—2020 年）

进入 2011 年以来，市场明显看到了增长的势头，而且大的行业背景是房地产受到调控。智能家居的放量增长说明智能家居行业进入了一个拐点，由徘徊期进入了新一轮的融合演变期。接下来的 3～5 年，智能家居一方面进入一个相对快速的发展阶段；另一方面协议与技术标准开始主动互通和融合，行业并购现象开始出来甚至成为主流。未来的 5～10 年，将是智能家居行业发展极为快速，但也是最不可捉摸的时期，由于住宅家庭成为各行业争夺的焦点市场，智能家居作为一个承接平台成为各方力量首先争夺的目标。谁能最终胜出，我们可以作种种分析，但最终结果，也许只有到时才知。但不管如何发展，智能家居必将是行业发展的一个亮点，是今后家居领域发展的必然趋势，虽然市场推广才刚刚开始，但我国已经有很多家企业专门从事这方面开发，行业的竞争已经很激烈。

## 4.4.4　主要功能

1. 智能灯光控制

实现对全宅灯光的智能管理，可以用遥控等多种智能控制方式实现对全宅灯光的遥控开关，调光，全开全关及"会客、影院"等多种一键式灯光场景效果的实现；并可用定时控制、电话远程控制、电脑本地及互联网远程控制等多种控制方式实现功能，从而达到智能照明的节能、环保、舒适、方便的功能。

2. 智能电器控制

电器控制采用弱电控制强电方式，即安全又智能，可以用遥控、定时等多种智能控制方式实现对在家里饮水机、插座、空调、地暖、投影机、新风系统等进行智能控制，避免饮水机在夜晚反复加热影响水质，在外出时断开插排通电，避免电器发热引发安全隐患；以及对空调地暖进行定时或者远程控制，让使用者到家后马上享受舒适的温度和新鲜的空气。

3. 安防监控系统

随着人们居住环境的升级，人们越来越重视自己的个人安全和财产安全，对人、家庭以及住宅的小区的安全方面提出了更高的要求；同时，经济的飞速发展伴随着城市流动人口的急剧增加，给城市的社会治安增加了新的难题，要保障小区的安全，防止偷抢事件的发生，就必须有自己的安全防范系统，人防的保安方式难以适应我们的要求，智能安防已成为当前的发展趋势。

视频监控系统已经广泛地存在于银行、商场、车站和交通路口等公共场所，但实际的监控任务仍需要较多的人工完成，而且现有的视频监控系统通常只是录制视频图像，提供的信息是没有经过解释的视频图像，只能用作事后取证，没有充分发挥监控的实时性和主动性。为了能实时分析、跟踪、判别监控对象，并在异常事件发生时提示、上报，为政府部门、安全领域及时决策、正确行动提供支持，视频监控的"智能化"就显得尤为重要。

　　4. 智能背景音乐

　　家庭背景音乐是在公共背景音乐的基本原理基础上结合家庭生活的特点发展而来的新型背景音乐系统。简单地说，就是在家庭任何一间房间里，例如花园、客厅、卧室、酒吧、厨房或卫生间，可以将 MP3、FM、DVD、电脑等多种音源进行系统组合让每个房间都能听到美妙的背景音乐，音乐系统即可以美化空间，又起到很好的装饰作用。

　　5. 智能视频共享

　　视频共享系统是将数字电视机顶盒、DVD 机、录像机、卫星接收机等视频设备集中安装于隐蔽的地方，系统可以做到让客厅、餐厅、卧室等多个房间的电视机共享家庭影音库，并可以通过遥控器选择自己喜欢的音源进行观看，采用这样的方式既可以让电视机共享音视频设备，又不需要重复购买设备和布线，既节省了资金又节约了空间。

　　6. 可视对讲系统

　　可视对讲产品已比较成熟，成熟案例随处可见，这其中有大型联网对讲系统，也有单独的对讲系统，例如别墅用的，其中有分一拖一、二、三等；一般实现的功能是可以呼叫、可视、对讲等功能，但是通过整合可将很多不同平台的产品实现统一，增强了整套系统控制部分的优势，让室内主机也可以控制家里的灯光和电器。

　　7. 家庭影院系统

　　对于高档别墅或者公寓的户型，客厅或者影视厅一般为 20m² 左右，是目前最主要的建筑面积之一，客厅或者视听室自然是家里最气派的地方，除了要宽敞舒服，也得热闹娱乐才行，要满足这样的要求，一套好的家庭影院当然是必不可少的"镇宅之宝"了。

　　总的来说，智能家居控制系统的功能可以根据自身的需要灵活配置，构成灵活，操作管理方便。

## 4.4.5　设计原则

　　衡量一个住宅小区智能化系统的成功与否，并非仅仅取决于智能化系统的多少、系统的先进性或集成度，而是取决于系统的设计和配置是否经济合理并且系统能否成功运行，系统的使用、管理和维护是否方便，系统或产品的技术是否成熟适用，换句话说，就是如何以最少的投入、最简便的实现途径来换取最大的功效，实现便捷高质量的生活。

　　为了实现上述目标，智能家居系统设计时要遵循以下原则。

　　1. 实用便利

　　智能家居最基本的目标是为人们提供一个舒适、安全、方便和高效的生活环境。对智能家居产品来说，最重要的是以实用为核心，摒弃掉那些华而不实、只能充作摆设的功能，产品以实用性、易用性和人性化为主。在设计智能家居系统时，应根据用户对智能家居功能的需求，整合以下最实用最基本的家居控制功能：包括智能家电控制、智能灯光控制、电动窗帘控制、防盗报警、门禁对讲、煤气泄露等，同时还可以拓展诸如三表抄送、视频点播等服务增值功能。对很多个性化智能家居的控制方式很丰富多样，例如：本地控制、遥控控制、集中控制、手机远程控制、感应控制、网络控制、定时控制等，其本意是让人们摆脱繁琐的事务，提高效率，如果操作过程和程序设置过于繁琐，容易让用户产生排斥心理。所以在对智能家居的设计时一定要充分考虑到用户体验，注重操作的便利化和直观性，最好能采用图形图像化的控制界面，让操作所见即所得。

2. 可靠性

整个建筑的各个智能化子系统应能 24h 运转，系统的安全性、可靠性和容错能力必须予以高度重视。对各个子系统，以电源、系统备份等方面采取相应的容错措施，保证系统正常安全使用、质量、性能良好，具备应付各种复杂环境变化的能力。

3. 标准性

智能家居系统方案的设计应依照国家和地区的有关标准进行，确保系统的扩充性和扩展性，在系统传输上采用标准的 TCP/IP 协议网络技术，保证不同产商之间系统可以兼容与互联。系统的前端设备是多功能的、开放的、可以扩展的设备。如系统主机、终端与模块采用标准化接口设计，为家居智能系统外部厂商提供集成的平台，而且其功能可以扩展，当需要增加功能时，不必再开挖管网，简单可靠、方便节约。设计选用的系统和产品能够使本系统与未来不断发展的第三方受控设备进行互通互连。

4. 方便性

布线安装是否简单直接关系到成本，可扩展性，可维护性的问题，一定要选择布线简单的系统，施工时可与小区宽带一起布线，简单、容易；设备方面容易学习掌握、操作和维护简便。系统在工程安装调试中的方便设计也非常重要。家庭智能化有一个显著的特点，就是安装、调试与维护的工作量非常大，需要大量的人力物力投入，成为制约行业发展的瓶颈。针对这个问题，系统在设计时，就应考虑安装与维护的方便性，比如系统可以通过 Internet 远程调试与维护。通过网络，不仅使住户能够实现家庭智能化系统的控制功能，还允许工程人员远程检查系统的工作状况，对系统出现的故障进行诊断。这样，系统设置与版本更新可以在异地进行，从而大大方便了系统的应用与维护，提高了响应速度，降低了维护成本。

5. 轻巧型

轻巧型智能家居产品顾名思义它是一种轻量级的智能家居系统。简单、实用、灵巧是它的最主要特点，也是其与传统智能家居系统最大的区别。所以我们一般把无需施工部署，功能可自由搭配组合且价格相对便宜可直接面对最终消费者销售的智能家居产品称为轻巧型智能家居产品。

随着智能家居的迅猛发展，越来越多的家居开始引进智能化系统和设备。智能化系统涵盖的内容也从单纯的方式向多种方式相结合的方向发展。但较之于欧美发达国家，我国智能家居系统起步稍晚，所以市场主流的产品（系统）还无法很好地解决产品本身与市场需求的矛盾，使得智能家居市场的僵冰还没有被完全打破，所以很大程度上阻碍了智能家居产业的发展。21 世纪，智能是一个非常火热的词语，随着移动互联网的强势崛起，21 世纪以后所有的产品都要和智能联系到一起，智能家居的应用将是今后很多年的一个发展趋势。

## 思 考 及 练 习 题

4.1 什么叫现场抄表？

4.2 什么叫远程抄表？

4.3 什么是抄表数据下载？

4.4 现场抄表机抄表时要注意什么问题？

4.5 抄表器有哪些组成部分？有哪些主要功能？

4.6 远程自动抄表系统有哪些主要部分组成？

4.7 常见的自动抄表方式有哪些？

4.8 电力负荷控制的目的是什么？有哪些控制手段？

4.9 电力负荷控制系统具有哪些基本功能？

4.10 什么是智能家居？它有哪些主要功能？

# 参 考 文 献

[1]　王月志．电能计量［M］．北京：中国电力出版社，2006．

[2]　孔繁钢．抄表催费［M］．北京：中国电力出版社，2013．

[3]　苏国政．抄表核算收费员［M］．北京：中国电力出版社，2007．

[4]　王抒祥．抄表核算收费［M］．北京：中国电力出版社，2009．

[5]　韩玉．电能计量［M］．北京：中国电力出版社，2007．

[6]　李彦群．电能计量检定与管理培训教材［M］．北京：中国电力出版社，2010．

[7]　DL 448—2000 电能计量装置管理规程［S］．北京：中国电力出版社，2006．

[8]　水利电力部电力生产司组，电能计量［M］．北京：中国水利水电出版社，1998．